Jetzt helfe ich mir selbst

Ulrich Lieb

Modellbahn Anlagenbau Schnell, rationell und preiswert

transpress

Einbandgestaltung: Luis dos Santos
Foto: Fleischmann

Bildnachweis:
Die zur Illustration dieses Buches verwendeten Aufnahmen stammen – wenn nichts anderes vermerkt ist – vom Verfasser.

Produkthinweis:
Dieses Buch wurde nach den geltenden Vorschriften der General Product Safety Regulation (GPSR) entwickelt. Bei Fragen oder Problemen wenden Sie sich bitte an den Verlag unter folgender E-Mail-Adresse: gpsr@paul-pietsch-verlage.de

ISBN 978-3-613-71768-8 (unveränderter Nachdruck der 1. Auflage 2009, erschienen unter der ISBN 978-3-613-71373-4)

1. Auflage 2025

Lektor: Hartmut Lange
Innengestaltung: IPa, 71665 Vaihingen/Enz
Druck und Bindung: HUNTER Books GmbH, 63184 Mainaschaff
Printed in Germany

Inhalt

INHALT

Schnell und rationell gebaut: Die Felswand besteht aus geschnitztem Styrodur, das mit Dispersionsfarben und abschließendem Granieren mit ganz wenig Weiß gestaltet worden ist. Das – mittlerweile leider nicht mehr produzierte – Roco Line-Gleissystem bringt seine Bettung gleich mit. Im Bahnhofsbereich wird der Höhenunterschied zur Umgebung ganz einfach mit einem Vogelsand-Weißleim-Gemisch aufgefüllt. Der Kiesbelag des Weg besteht aus einer beflockten Matte. Das Gras-Imitat wurde mit dem im Buch vorgestellten selbstgebauten Elektrostaten aufgebracht.

Ganz rationell und preiswert gebaut: Mit Stryopor, wie es als Verpackungsmaterial Verwendung findet, sind die Felsstrukturen (im Vordergrund), die Gleiszwischenräume und die Güterrampe gestaltet worden. Farbe und Gips kaschieren die bröselige Struktur des Kunststoffs. An der Oberseite der Rampe wurde kaum Farbe aufgetragen, da an dieser Stelle die Struktur des Styropors als »Steinbelag« gut wirkt.

Vorwort

Schnell, schnell muss heute alles gehen, das Arbeiten, das Leben – aber auch die Freizeitbeschäftigung? Ganz sicher nicht. Darum soll es in diesem Buch auch gar nicht gehen. Mit der »schnellen Anlage« ist vielmehr der Zeit sparende und möglichst preisgünstige Weg zum privaten Modellbahnvergnügen gemeint. Und um Missverständnissen vorzubeugen: Es geht aber nicht darum, der Maxime »billig um jeden Preis« – in des Wortes negativer Bedeutung – zu huldigen.
Dass der rationelle Weg auf verschiedene Arten beschritten werden kann, liegt auf der Hand. Eines aber ist klar: Auf die Schnelle kann man keine optisch wie technisch hervorragende Anlage produzieren, denn bekanntlich will ja gut Ding Weile haben. Dieses Buch richtet sich denn auch weniger an den anspruchsvollen Modellbahner mit viel Zeit und Lust am Bauen und Ausprobieren, sondern vielmehr an »Otto Normalmodellbahner« – und natürlich auch »Ottilie Normalmodellbahnerin« – mit relativ wenig Platz und noch weniger Freizeit, der/die trotzdem eine Modellbahn bauen und betreiben will.

Das Ziel des Buches ist es, einen Zeit sparenden Weg zur eigenen Modellbahnanlage unter Verwendung preiswerter Materialien und ihrem rationellen Einsatz – dazu gehört auch der zeitökonomische Einsatz des Modellbahners – aufzuzeigen. Dabei werden die einzelnen, gerade auch für den Anfänger einfach nachzuvollziehenden Arbeitsschritte sozusagen »vom Praktiker für Praktiker« ausführlich dargestellt.
Hobbytischler muss man für den Nachbau ebenso wenig sein wie Elektriker oder Elek-troniker, nur ein wenig Spaß am Bauen und Werken und vor allem keine Angst, sich die Finger schmutzig zu machen, sollte man schon haben. Dass eine solche rationell gebaute Anlage keineswegs »billig« aussehen oder gar mit den Betriebsspaß verringernden, ärgerlichen Kompromissen behaftet sein muss und trotz gewisser Vereinfachungen enorm viel Spaß verbreiten kann, ist das Grundthema dieses Buches.

Ulrich Lieb

1. Einleitung

Eigentlich sollte sich ein Buch gleich welchen Inhalts selbst erklären. Bei unserem Thema – »Modellanlagenbau – schnell, rationell und preiswert«, kurz gesagt »Die schnelle Anlage« – sind aber Missverständnisse vorprogrammiert. Um diese möglichst zu umgehen, oder besser: auszuräumen, seien einige Bemerkungen vorangestellt.

Wenn die heimische Bahn dann endlich fährt, stellt sich rasch die erhoffte Entspannung ein. Und beim Nachtbetrieb kann man die ganze Freude der Modellbahn erfahren.

1.1. Warum dieses Buch?

»Ja, geht so etwas denn überhaupt?«
»Man kann keine Modellbahn schnell bauen!«
»Du versuchst da etwas, was gar nicht geht!«
»Du wirst alt!«
»Dürfen auf der schnellen Anlage auch langsame Loks fahren?«
»Hä?«
»Hektik, mein Lieber, schließt ein gutes Ergebnis aus!«
»Gut Ding will Weile haben, das müsstest du doch wissen, Mensch!«
»Trink nicht soviel Kaffee, dann hast du keine seltsamen Ideen – mal auf die Schnelle eine Modellbahn bauen, so ein Unsinn.«
Das waren einige Reaktionen aus meinem Umfeld, als ich das Thema des Buchprojekts im Freundes- und Hobbykollegenkreis zur Sprache brachte. Sollte man dann eigentlich so ein Thema nicht gleich in die Schublade legen und dieselbe ganz fest zu schließen? Ich denke: Nein! Weil die ablehnende Haltung auf vielerlei Missverständnissen beruht.
Das Buch heißt »Modellanlagenbau – schnell, rationell und preiswert«. Das ist relativ kurz und – wie ich finde – relativ griffig. Es löst aber eben die oben beschrieben Reaktionen aus. Besser, weil weniger missverständlich, wäre z. B. ein Titel: »Die unter Einschränkungen, aber – wo nötig – mit aller gebotenen Sorgfalt erstellte und – wo möglich – relativ schnell gebaute Anlage – Modellbahn so rationell und preisgünstig wie möglich, ohne dabei Funktionalität und Betriebssicherheit zu vernachlässigen«. Aber wir wollen ja keinen Titel produzieren wie weiland bei einem kunstvollen Buchwerk des 17. Jahrhunderts!
Auch der Autor ist sich darüber im Klaren, dass eine funktionierende Modellbahn nicht auf die Schnelle gebaut werden kann. Manche Arbeitsschritte erfordern Aufwand und Sorgfalt, die eben ihre Zeit benötigen, soll es hinterher kein Pfusch werden. Mit der »schnellen Anlage« ist daher etwas anderes gemeint: Wo es sinnvoll, möglich und technisch vertretbar ist, soll Ressourcen sparend gearbeitet werden. Das umfasst also die finanziellen, technischen und natürlich auch persönlichen Bedingungen des Modellbahnbaus. Die finanziellen Bedingungen, weil sich mit Bedacht beim Bau der Anlage viel sparen lässt, schließlich hat nicht jeder Modellbahnbegeisterte das nötige Kleingeld, sich seinen Anlagentraum sofort und umfänglich zu erfüllen; die technischen Bedingungen, weil sich mit ein wenig Nachdenken und Grübeln einfachere und effektivere Baumethoden anwenden lassen; und die persönlichen Bedingungen, weil die Freizeit ein kostbares Gut ist, die man vielleicht auch nur – aus welchen Gründen auch immer – in begrenztem Umfang seiner Modellbahn widmen kann – umso Zeit sparender will man arbeiten, um so rascher sollte der Bau fortschreiten.

1.1.1. Zwei Einschränkungen

»Um Himmels Willen I«: Es geht mir nicht darum, die bisweilen menschenfeindliche Hektik und den krankmachenden Stress des Alltags jetzt auch noch auf die Freizeitbeschäftigung Modellbahn übertragen zu wollen. Vielmehr will ich zeigen, wo man beim Anlagenbau spart und trotzdem viel Freude beim Bau hat. Dass sich dabei die Voraussetzungen wie Preisgünstigkeit und Zeitersparnis bisweilen überschneiden und freilich nicht immer ganz sauber der Definition entsprechend einhalten lassen, liegt beim naturgemäß komplexen Thema Modellbahnbau nun einmal auf der Hand. Wie der Einzelne dabei verfährt, ob er da mal etwas mehr Zeit investieren will, dort mal einen höheren Preis in Kauf nimmt, muss jeder selbst entscheiden.
»Um Himmels Willen II«: Es geht mir auch nicht darum, die Arbeitsplätze vernichtende »Geiz ist geil«-Haltung auf die Modellbahn zu übertragen. Wir wollen nicht bedenkenlos dem Götzen »Hauptsache billig!« huldigen, sondern ganz bewusst durch Anwendung

1.2. Eine kleine Geschichte

In der Nachbarschaft ist vor einiger Zeit eine Familie eingezogen. Als weltoffener Schwabe freut man sich über neue Nachbarn. Zumal sich der beim Einzug verräterische Kisten eindeutigen Inhalts schleppende Familienvater, einmal ertappt, freimütig als Modellbahner zu erkennen gibt und sich mit ihm bei einem Bier respektive nicht alkoholischem Getränk trefflich fachsimpeln lässt.

Neulich saßen wir zusammen und es entspann sich ein interessantes Gespräch. »Am liebsten bin ich mit der kleinen roten Lok gefahren. Die habe ich zu meinem zwölften Geburtstag bekommen«, erzählte der Mann. »Ist wohl ne 260er, ich kenn' mich da nicht so aus. Ich hatte aber meinen Spaß mit den kleinen Loks.« Bei der Unterhaltung war zu erfahren, dass die in den Umzugskisten zu erahnende Modellbahn noch aus der Kinderzeit stammte und sie lange nicht mehr aufgebaut war. »Aber«, sagte der Mann und nippte am Glas, »aber wenn ich mal in Rente bin, dann…«. »Was dann?«, fragte ich. »Dann bau' ich das auf«, sagte er und schaute in das leere Glas.

«Wissen Sie«, fuhr der Mann fort, »meine Kinder hätten ja gerne eine Eisenbahn, aber ich hab' halt kaum Freizeit und das ganze ist ja nicht gerade billig.« »Na ja«, entgegnete ich und füllte sein Trinkglas auf, » man kann schon einiges beim Unterbau sparen und auch die Landschaft lässt sich schnell und günstig bauen.«

«Echt?«, meinte der Mann und seine Augen leuchteten. »Wann geht's los? Wie fange ich an?« Die Fragen überschlugen sich, die Begeisterung war gleich spürbar. Der gute Mann erzählte seinen Kindern vom Vorhaben und löste zweifelsohne damit große Freude aus. Und in der Umzugskiste im Karton vor sich hin dösend, freute sich eine kleine rote Lok darauf, dass es bald wieder was zu tun gäbe…

Wie die schnelle und preisgünstige Anlage aussieht und welche Baumethoden dafür angewandt werden, das soll ein Teil des Buchs sein.

einfacherer, auch günstigerer Materialien, eigener Bastelleistung, preisgünstigerer, weil selbst gebauter Gerätschaften gute Ergebnisse erzielen.
Es ist verhältnismäßig einfach, mit den Filetstücken des Modellbahnbaus (die nunmal ihren Preis haben) gute Ergebnisse zu erzielen. Reizvoller ist es aber allemal aus weniger mehr zu machen – und die tiefe Befriedigung über das gelungene Werk gibt es gratis dazu. Und damit, nach dieser Vorbemerkung, zum eigentlichen Thema: der – nun hoffentlich nicht mehr missverstandenen – »schnellen Anlage«.

1.2.1. Drei Zielgruppen

So wie in der Geschichte oder so ähnlich geht es vielen Modellbahnkollegen. Möglichst schnell zu einer Anlage zu kommen und dabei keinen Kredit aufnehmen zu müssen, das wäre fein. Geht man die Thematik analytisch an, so kommen für die »schnelle Anlage« drei Zielgruppen infrage:

- Viele Modellbahner sind Schachtelbahner, kommen über das Sammeln von Modellen und Bauteilen mangels Zeit nicht hinaus. Sie würden aber gerne eine Modellbahn bauen, wenn es halt schnell ginge.
- Eine andere Gruppe von Modellbahnern kennt nur die Anlage über die Weihnachtszeit und fragt sich, wie kriegt man in wenigen Tagen eine landschaftlich ansehnliche Modellbahnanlage hin?
- Die dritte Gruppe würde gerne eine Modellbahn bauen, wird aber von relativ hohen Preisen (es gibt Ausnahmen, ich weiß, ich weiß) für anspruchsvolle Landschaftsbaumaterialien zurückgehalten. Mit preisgünstigen Produkten hingegen wäre sie in der Lage ihren Anlagentraum zu verwirklichen.

Die Modellbahnanlage muss nicht teuer sein, schon beim Landschafts- und Gleisbau lässt sich sparen. Der Schotter auf diesem Bild ist einfacher (nicht duftender!) Vogelsand – recht preisgünstig im Zoofachhandel zu erwerben.

Umfragen in Zeitschriften stützen diese Feststellung. Natürlich gibt es auch »Mischformen« der vorgestellten Gruppen. Allen gemeinsam ist aber, dass offenbar Zeit und Geld die Haupthindernisse für das Modellbahnglück sind. Das sollen also die Maximen sein, die die einzelnen Kapitel wie ein rotes Band verbinden.

Die funktionierende, über viele Jahre Freude und Spaß schenkende Modellbahn, eine durchgestaltete zumal, ist das Ziel des Hobbyeisenbahners. Doch viele Hindernisse stehen der eigenen Modellbahnanlage entgegen: Zeit, vor allem Freizeit, ist heute ein überaus kostbares Gut und nicht so einfach zu bekommen. Und wer will schon bis zur Pensionierung warten, ehe er sich seinen Anlagentraum verwirklichen kann. Eine preisgünstige Freizeitbeschäftigung ist die Modellbahnerei nicht und wird es wohl auch nicht werden, preiswertes Material zum Bau ist daher höchst willkommen. Ein rationeller Umgang mit den eigenen Ressourcen ist für den Hobbyeisenbahner angezeigt.

1.2.2. Zielsetzungen

Wie fängt man so ein Vorhaben am besten an?

Gedacht ist daran, rasch zu einem Unterbau zu kommen, um bald richtig Betrieb machen zu können, sprich Züge fahren lassen zu können. Für die detaillierte Ausgestaltung kann man sich dann immer noch Zeit lassen. Gezeigt wird ein schnell aufzubauender und jederzeit erweiterbarer Unterbau, der selbstverständlich stabil und verwindungssteif ist. Auch alternative Materialien zu Holz werden vorgestellt.

Eine Modellbahn-Anlage wird meist erst dann zum Erlebnis, wenn sie eine gelungene Landschaft besitzt. Wenn der Zug über die

Modellbahnen kann man auch ohne berauschende Getränke bauen, selbst wenn sie wie hier en gros angefahren werden.

blanke, leere hellbraune Spanplatte donnert, vermag sich nur schwer die ersehnte Wirklichkeitsspiegelung beim Betrachter einzustellen. Ein »bissle Wiese, vielleicht auch a Häusle«, wie es Nachbars 13-jähriger Sohn angesichts des vom Vater aufgebockten und mit einem Gleiskreis belegten Türblatts trefflich ausdrückte, sollte schon sein... Deshalb geht es auch darum zu zeigen, wie man schnell zu einer ansprechenden Landschaft kommt. Welche Materialien gibt es und welche Arbeitsweisen sind unter unseren Voraussetzungen Erfolg versprechend?

Nicht jeder hat handwerkliches Geschick mit in die Wiege gelegt bekommen, und es besteht kein Grund sich über diese Hobbykollegen lustig zu machen. Lieber eine alte Tür flugs und ohne Aufwand über zwei Stühle gelegt und Gleise darauf platziert als der vermeintliche Profiunterbau und sich dabei mit der neu erworbenen Handkreissäge heftig in den Finger gesägt. Die vorgestellten Arbeitsweisen wurden mit Bedacht ausgewählt: Sie sollen sich gerade für Einsteiger ins Hobby bzw. für den »Normalbastler« eignen.

Die Maximen, die dem Buch zugrunde liegen sollen, sind:

- Gebaut werden soll möglichst mit Dingen, die für gewöhnlich zu Hause (Durchschnittshaushalt mit 1,5 Kindern) vorrätig sind, im Lauf des Jahres gesammelt worden sind bzw. nicht erst mit monatelangem Vorlauf besorgt werden müssen;
- nach Möglichkeit preisgünstige Materialien (im Sinne der späteren Betriebsfähigkeit (z. B. Gleise) resp. ausreichender Belastungsfähigkeit nicht immer möglich bzw. sinnvoll);
- nach Möglichkeit soll schnell und/oder rationell gebaut werden, dabei aber keines-falls eine spätere Ausbaumöglichkeit außer Acht gelassen werden.

Erst eine Landschaft – und natürlich mit ein paar »Häusle« – machen des Modellbahners Glück vollkommen.

1.3. Vom Reiz des Kleinen

Quasi als Appetithäppchen für das Kommende seien an dieser Stelle ein paar Gedanken formuliert und gleichzeitig eine erste einfache Anlage vorgestellt.
Die »schnelle Anlage« kann viel bedeuten, hauptsächlich ist damit der rasche Weg zur eigenen Modellbahn gemeint, ganz gleich wie groß die künftige Anlage werden soll. Die im Folgenden vorgestellten Baumethoden und -arbeiten eigenen sich ja unabhängig von der Größe der Modellbahnanlage für gewaltige Projekte ebenso wie für das Diorama.
Jetzt wagen wir mal eine Gleichung aufzustellen: gezielte Motivwahl + beschränkter Zeitrahmen + geringer Kostenaufwand = schnelle Anlage.
Stimmt das?
An dieser Stelle sei einmal eine Lanze für die Minianlage gebrochen. Ob eine Modellbahn gelungen ist oder nicht, entscheidet ja nicht die Größe der Anlage, sondern ihre Möglichkeiten sind Ausschlag gebend dafür. Und diese umfassen sowohl die Betriebsmöglichkeiten als auch die Möglichkeiten der künftigen Ausgestaltung. Was liegt da näher, als eine Minianlage umzusetzen, die sowohl Kosten als auch Zeit spart und dabei dennoch nicht langweilig geraten muss?

1.3.1. Ausschnitt als Ganzes

Man stelle sich vor: Man steht am Bahnsteig und guckt in die Gegend. Was erblickt man? Da mal eine Lok, dort mal ein Wagen, vielleicht auch ein ganzer Zug oder eine Rangierabteilung bei der Fahrt von irgendwo nach nirgendwo; dort drüben ein Gebäude – aber niemals sieht man den Bahnhof als Ganzes, so wie es zu Hause aus der Vogelperspektive beim Blick auf das Bähnle geschieht.
Diesen Gedanken einmal fortgesponnen, kommt man von alleine zum Ausschnitt und damit zur Minianlage. Von der Zeit- und Kostenersparnis eines solchen Projekts einmal abgesehen, kann man beim Bau Baumethoden, die Machbarkeit von Ideen und weitere Erfahrungen für größere Projekte sammeln.
Im Rahmen des Buches spielt der Faktor Zeit eine wichtige Rolle. Es stimmt schon, die Jagd nach der Zeit nimmt bereits in unserem Alltag einen großen Raum ein. Und ob wir es wollen oder nicht, sie dominiert auch zunehmend das Hobby. Vor diesem Hintergrund nimmt sich eine Minianlage als Ideallösung aus.
Auch unter anderer Perspektive kann man an die Thematik herangehen: Vielleicht steht irgendwo im Haus noch eine alte, verstaubte Anlage herum, oder die Kinder haben beim Herumstöbern auf dem Dachboden Modellbahnschachteln gefunden. Rasch soll eine Modellbahn aufgebaut werden, doch wie? Oder die Anlage steht schon seit Jahren halbfertig herum und man weiß nicht wie weiterbauen?
Der beste Weg ist da der »schnelle«, um eben etwas Vorzeigbares zu haben, mit dem sich Betrieb machen lässt. Die Lust an der Detailgestaltung kommt schon noch. Kurz vor z. B. Weihnachten kann man so noch einiges bauen, um der »Bauruine« ein milderes Erscheinungsbild zu geben.
Der beschränkte Zeitrahmen gibt die Fertigstellung in wenigen Tagen/Wochen vor, z. B. kurz vor Weihnachten. Und da will ich die kostbare Zeit doch nicht mit ewiger Motivsuche verplempern. Im Beispiel wurde eine vorbildgetreue Situation gewählt: Die »Valserwasser-Verladung« bei Ilanz, freilich recht frei gestaltet, also ein Motiv mit Fahrzeugen der Baugröße H0m. Dabei wurde darauf geachtet, ein Motiv zu wählen, das sich später in eine größere Anlage integrieren lässt. So eine Verladeszene passt immer und eignet sich ganz hervorragend für irgendwelche toten Winkel einer Anlage.
Ach ja, und kostengünstig soll sie auch noch sein. Das rollende Material nimmt da den größten Teil des Etats ein, ansonsten müsste

Zugegeben: Auf der Minianlage lässt sich nicht viel rangieren. Aber es lassen sich diverse Baumethoden für spätere größere Objekte üben. Aber fahren kann man schon mal, und auf den ersten Blick erkennt man den Spray-Schotter nicht.

Im Prinzip genügt in der Baugröße H0 bereits eine Tiefe von 25 cm für eine Nebenstrecke. Warum für den schnellen Beginn nicht einfach auf Hartschaum-Grundlage eine Trasse gebaut und ins Regal gestellt?

man die Fahrzeuge halt selber bauen, das aber wäre ein Thema für eine gesonderte Abhandlung.

1.3.2. Ein ausgeführtes Beispiel

Ohne dem noch Kommenden vorweggreifen zu wollen, seien die Arbeitsschritte hier kurz skizziert: Aufgebaut wurde das Ganze auf einer Styrodur-Platte, deren Maße (120 x 50 cm) die Abmessungen des Ausschnitts vorgaben – man erspart sich also die Sägerei mit Holz.

Die Gleise wurden auf aufgesprühtem Schotter verlegt, also gewissermaßen »Schotter aus der Spraydose« – man erspart sich das zeitaufwendige Einschottern. Die Bäume und Büsche wurden aus Naturmaterial selbst gebaut, die Landschaft rasch und leicht aus Styrodur »aufgelegt«. Die meiste Zeit hätte das Gebäude in Anspruch genommen, aber das war kein Thema, lag der fertige gebaute Bausatz doch seit Jahren in einer Ecke herum. Ansonsten hätten wir zu einem Kartonmodell gegriffen oder aus leicht zu bearbeitendem Holz, z. B. Balsaholz (gibt es bei Modellbauversendern wie Conrad), selbst eines gebaut. Der Hintergrund wurde schnell selbst gemacht und zwar mit Sprühfarben auf Tapete.

Wie man sieht, wurde Ruck-Zuck in wenigen Stunden eine betriebsfähige Modellbahn aufgebaut, die schon einiges an kurzweiligem Rangierbetrieb ermöglicht. Für die weitere Detaillierung kann man sich dann Zeit lassen. Somit ist sehr wohl bewiesen, dass die Gleichung gezielte Motivwahl + beschränkter Zeitrahmen + geringer Kostenaufwand = schnelle Anlage sehr wohl aufgeht und richtig ist – quod erat demonstrandum.

1.3.2.1. Einfache, aber wirkungsvolle Schaltung

Es muss nicht immer eine digitale Bahn sein. Der Vorzug einer digitalen Modellbahnsteuerung rechnet sich in der Regel nur bei größeren Anlagen. Und auf den vielgepriesenen Sound kann man getrost verzichten, m. E. erhöht er den Spielwert nicht und geht einem eher auf die Nerven. Bei der kleinen Anlage, die im Buch beschrieben wird, haben wir daher eine alte Steuerungsmethode hervorgekramt, die nicht teuer, aber zuverlässig ist und die Betriebsmöglichkeiten garantiert erhöht.

Ein mehrpoliger Schalter aus dem Elektronikversand oder -laden. Er gestattet die wahlweise Zuschaltung des angeschlossenen Gleisabschnitts an je einen Transformator. Schnell und günstig gelangt man so an einen Betrieb mit mehreren Loks gleichzeitig.

Es ist eine kombinierte Abschnitts- und Zuordnungsschaltung, sie verbindet also die konventionellen Steuerungsmethoden analoger Bahnen.

Alles, was man braucht, sind zwei (oder auch mehr) Trafos und soviele mehrpolige Umschalter, wie es sinnvoll befahrbare Gleisabschnitte auf der Anlage gibt. Zunächst wird die Anlage in sinnvolle Gleisabschnitte aufgeteilt und die Gleisabschnitte entsprechend gegeneinander isoliert. Dann werden die Umschalter mit den Trafos verbunden. Nun müssen nur noch die Verbindungen der Schalter zu den einzelnen Gleisabschnitten hergestellt werden.

Jetzt kann man je nach Schalterstellung entweder aus dem einen oder dem anderen Trafo einem Gleisabschnitt den Fahrstrom zuschalten und so ganze Fahrstraßen bilden.

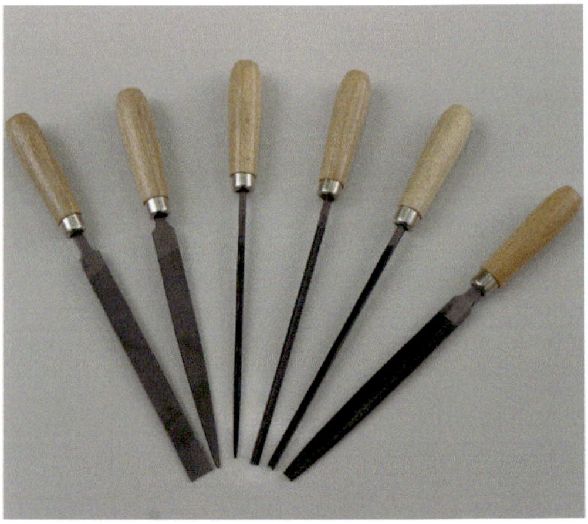

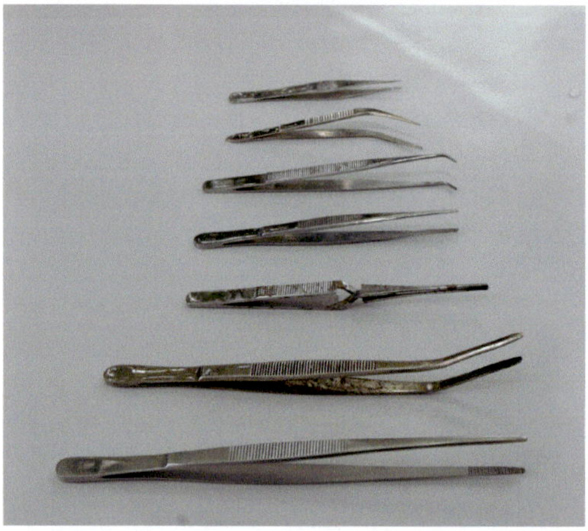

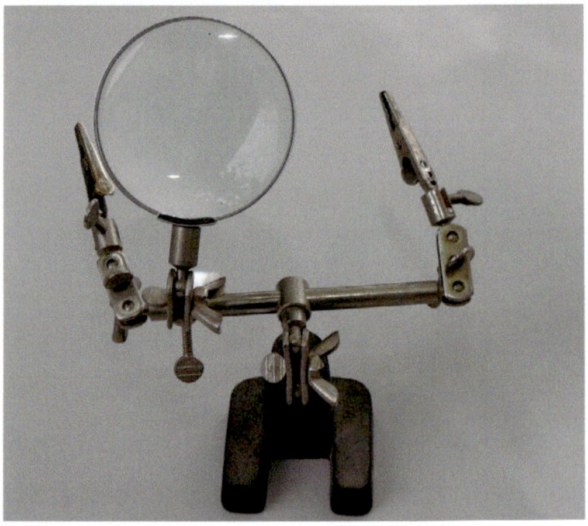

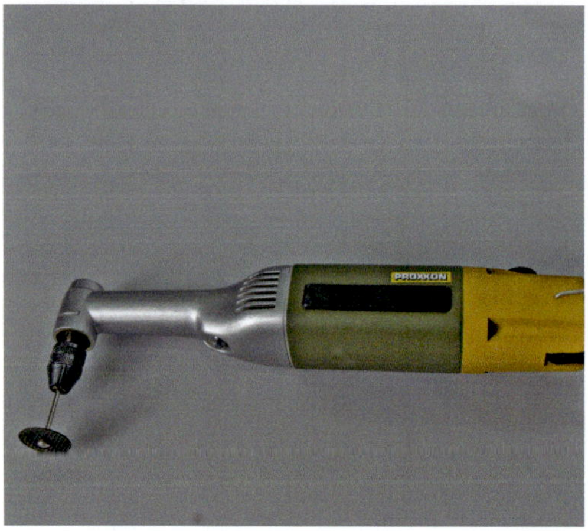

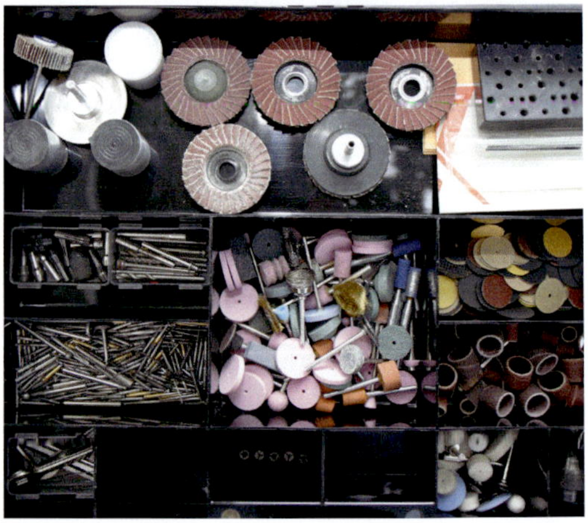

Die wichtigsten Werkzeuge für den Modell-Mechaniker sind auf dieser Doppelseite im Bild zu sehen: Auf der linken Seite oben ist eine Auswahl kleiner Schraubenzieher mit feinen Klingen zu sehen, daneben Feilen mit Holzheft. Unentbehrliche Helfer sind Pinzetten (links in der Mitte), die man am besten in verschiedenen Größen und Ausführungen (mit spitzem oder breitem Greifkopf, zum Greifen und Einklemmen usw.) bereithält sowie die sog. »Dritte Hand« nebst Lupe. Auf der linken Seite unten eine

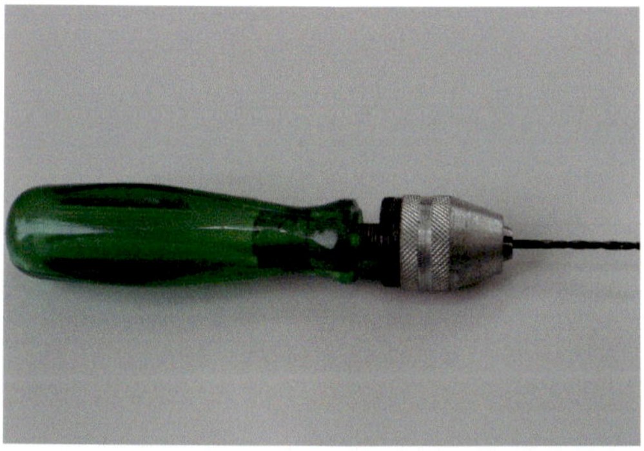

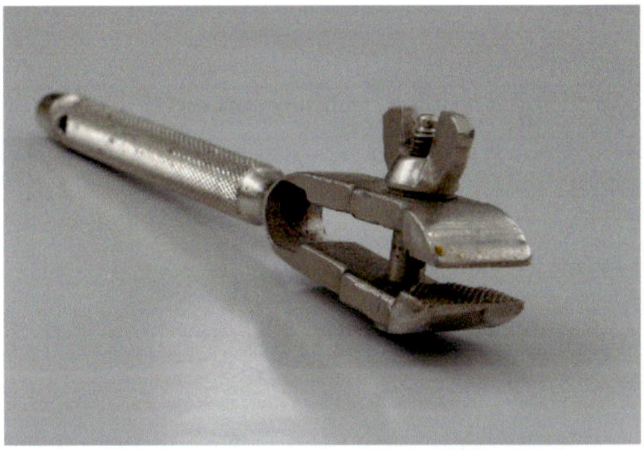

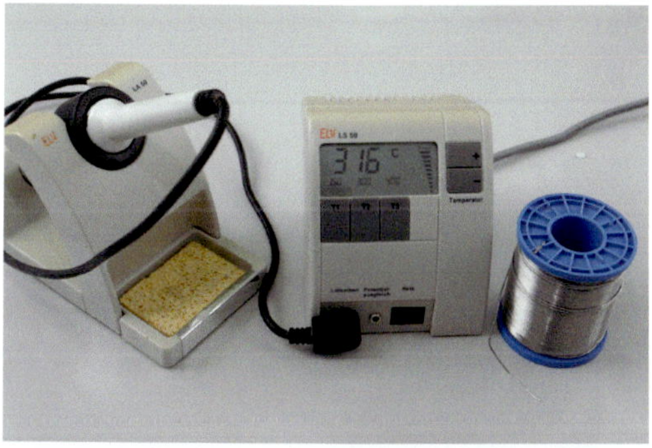

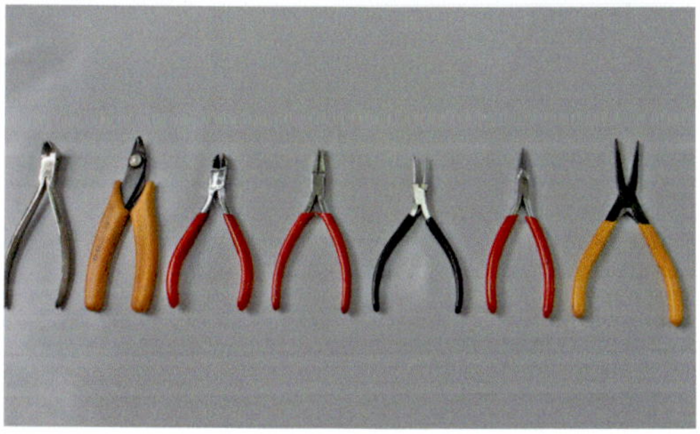

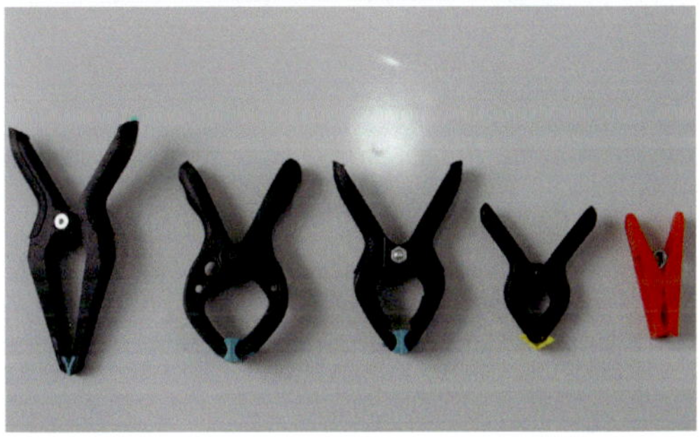

Minibohrmaschine, bisweilen auch Bohrzwerg genannt, eingespannt ist eine Trennscheibe. Man kann mit diesem Gerät die verschiedensten Bohr- und Trennarbeiten ausführen, aber auch feilen, schleifen und polieren. Im Bild daneben: eine große Auswahl an Trennscheiben, Bohr-, Bürst-, Schleif- und Poliereinsätzen für den Bohrzwerg.
Ein Handbohrer (im Kunststoffheft, es gibt aber auch etwas teurere Halterungen aus Holz) führt die Liste der Werkzeuge auf der rechten Seite links oben an. Daneben ein Kloben in der (hitzebeständigen) Metallausführung zum verdrehsicheren wie stabilen Halten verschiedener Werkstücke, z. B. beim Löten oder beim Feilen etc. Eine sogenannte Lötstation (Mitte) ist für normale Reparaturen nicht unbedingt erforderlich, gestattet aber ein feinfühligeres Arbeiten vor allem an problematischen Werkstoffen als der übliche ein-/ausschaltbare Lötkolben mit seiner fixen Temperatur. Rechts daneben eine Vakuum-Lötpumpe zum Entfernen geschmolzenen Lots, z. B. beim Ausbau angelöteter Bauteile anfallendes Lot kann damit einfach und sicher (vor allem verletzungsfrei) entfernt (abgesaugt) werden. In der untersten Bildreihe sind verschiedene Zangen in unterschiedlichen Ausführungen (z. B. mit watfreier Schneide, spitz und abgewinkelt usw.) zum Schneiden und Greifen/Halten zu sehen. Unten ganz rechts eine Auswahl an Kunststoffgreifern, die vor allem aus dem Modellbau bekannt sind. Mit ihnen lassen sich z. B. zu verbindende Teile bis zum Abbinden des Klebstoffs fixieren. *Fotos: Arnold*

2. Grundüberlegungen

Am Anfang jeder Anlage stehen Gedanken, weil die geplante Anlage im Grund schon im Kopf fertig sein muss, wenn etwas »Ordentliches« daraus werden soll. Wir wollen an dieser Stelle nicht auf die Irrungen und Wirrungen konventioneller Modellbahnplanung eingehen, denn dafür gibt es eigens geschrieben Bücher.
An dieser Stelle soll nun eine kleine Marktübersicht das Angebot an Fertigteilen für die Modellbahn nennen. Das geschieht nur aus Gründen der Vollständigkeit, denn wir wollen ja möglichst alles selber bauen und nur wenn es halt nicht anders geht (oder das Ergebnis doch zu dürftig wäre) auf Industriematerial zurückgreifen.

Bis auf Gleis und Fahrzeuge wurde alles auf diesem Bild selbst gebaut. Die Felswand besteht aus Styropor, das Streumaterial aus Naturstoffen und Teppichflusen imitieren das hohe Gras. Mit etwas Phantasie und Bastelfreude lassen sich durchweg gute Ergebnisse erzielen – auch ohne bisweilen teures Industriematerial.

2.1. Einfachste Wege – Fertiganlagen

»Viele Wege führen nach Rom«, sagt der Weise und meint damit, wenn er denn Modellbahner wäre, dass es mehrere Möglichkeiten gibt, zum Ziel – eben einer schnellen Anlage – zu kommen. Am einfachsten wäre es natürlich, sich eine Fertiganlage zu kaufen.

Ein riesiges Angebot offeriert z. B. die Firma Noch. Eine solche Anlage besteht aus weitgehend fertig gestellter Landschaft, freilich ohne Bäume und Buschwerk; die hinzuzukaufenden Gleise müssen nur noch auf vorgefertigter Trasse verlegt und angeschlossen werden, die ebenfalls noch zu erwerbenden Gebäude auf vorgesehenen Stellflächen platziert werden. Dann kann der Betrieb schon losgehen.

2.1.1. Individuelle Wünsche

Mir persönlich fehlt dabei die individuelle Gleisführung, bei solchen Fertiganlagen ist man streckentechnisch festgelegt. Auch bei der freien Gestaltung der Landschaft ist man eingeschränkt, aber das liegt halt in den Gegebenheiten. Ein Vorteil ist sicher der rasche Erfolg. Allerdings sind solche Anlagen nicht als preiswert zu bezeichnen.

Sicher, bereits der Bau einer kleinen Anlage stellt einen nicht geringen Aufwand an Zeit und Nerven dar. Außerdem fällt Staub und Dreck an, Lärm entsteht, der die Nerven auch geduldiger Mitmenschen malträtiert. Mit einer »Anlage von der Stange«, also einer Fertiganlage oder einem konfektionierten Anlagenbausatz, lassen sich solche Ärgernisse für einen gewissen Preis umgehen.

Vielleicht sind dann Anlagenbausätze eine Alternative, aber sie können natürlich nicht

Die Kunst des Modellbahnbaus ist, bereits bei Baubeginn zu wissen, wie die fertige Anlage einmal aussehen soll.

als kostengünstig bezeichnet werden, weil da viel Hersteller-Handarbeit drinsteckt. Die Grundidee solcher Anlagenbausätze ist es, dem Modellbahner Zeit raubende Grundlagenarbeit abzunehmen. Zugleich bieten sie aber noch sehr viel an individueller Freiheit der Gestaltung.

Solche Bausätze werden baugruppengemäß geliefert und können mit wenig Werkzeug, etwa Gabelschlüsseln und Schraubenziehern, aufgebaut werden. Im Prinzip umfasst solch ein Schnellbausatz den Unterbau, bestehend aus den tragenden Teilen, Gleistrassen, Hintergrundkulisse und sogenannten Landschaftsformteilen, das meiste besteht aus Holz.

Solche Unternehmen bieten auch einen kompletten Anlagenkomponentenbau nach Kundenwunsch an. Adressen sind in Zeitschriften und im Internet zu finden.

Individuelle Streckenführung mit weiten Radien – wie hier auf der Anlage der Modellbahnfreunde Welden nach Motiven der Weldenbahn bei Augsburg – wirkt sehr vorbildgerecht. Eine Wirkung, die sich mit konfektionierten Gleisstücken und Fertiganlagen kaum erreichen lässt.

2.1.2. Terra-Form von Noch

Die Firma Noch z. B. bietet auch Anlagenbausätze an, definiert das aber etwas anders. Ein solcher Bausatz beinhaltet die sogenannten Terra-Form-Teile: Landschaftsbaumaterial aus Rundholzstäben und flexi-blen Kunststoffstangen, die untereinander baukastenartig mit Kunststoffkupplungen verbunden werden; das Ganze wird dann mit Geländekrepp überzogen. Hinzu kommen Trassenstücke aus Panzerkarton, das erwähnte Krepp-Papier, Spachtelmassen sowie Grasfasern und Klebstoff.

Das berücksichtigt den Wunsch vieler Modellbahner nach großer Gestaltungsfreiheit bei hoher Individualität. Auch ein Anlagenunterbau-Bausatz bietet Noch an, bestehend aus Holzleisten für einen Rahmen 120 x 200 cm, die Verkehrsfläche bilden Hartfaserplatten, die auf dem Rahmen befestigt werden. Es gibt auch ein Alu-Zargensystem, um es der Vollständigkeit zu erwähnen.

Dem Modellbahner schwebt natürlich Individualität vor, die Fertiganlagen nicht immer gewährleisten können. Um diesem Einwand zu begegnen, bietet z. B. Noch als Neuheit 2009 eine Fertiganlage an, die lediglich plastisch fertiggestellt ist, aber die detailreiche Endgestaltung – das geht z. B. bis zur farblichen Gestaltung der Felsen – wird dem Modellbahner selbst überlassen.

Der Modellbahner möchte für gewöhnlich seine Anlage völlig frei gestalten, inklusive dem Gleisplan, daher kommen solche Fertiganlagen für viele nicht infrage, obwohl sie natürlich eine große Zeitersparnis darstellen. Damit verlassen wir die Fertiganlagen und wenden uns dem Bastelspaß und der Freude am Werken zu.

Hier soll es dagegen um den weitgehenden und völligen Selbstbau der Anlage von Grund auf gehen, weil sich damit nicht nur Geld sparen, sondern auch viel Bastelfreude gewinnen lässt.

2.2. Die einfache Bahn

Verfolgt man aufmerksam die Diskussionen in den einschlägigen Internet-Modellbahn-Foren, gewinnt man den Eindruck, dass vielen Modellbahnern die Freude an der Modellbahn abhanden gekommen ist. Sie wird überlagert von einem Ballast an eigenen und von außen herangetragenen Ansprüchen, Erwartungen und Vorstellungen, die die Emotion – und nichts anderes ist die Modellbahnerei im Wesentlichen – regelrecht abgewürgt haben.

Das Hobby Modelleisenbahn weist eine große Bandbreite auf, es bietet schlicht für jeden etwas. Das ist auch gut so und sichert dem Hobby die Zukunft. Der Landschaftsbauer findet ebenso Kurzweil wie der Freund des Fahrbetriebs, der Lok- und Wagenveredler hat seinen Spaß genau wie der detailbesessene Modellbauer. Jeder kann und soll nach seiner Fasson selig werden – einerlei, was so mancher selbst ernannte »Modellbahnprofi« behauptet.

Daher sollte auch kein Modellbahner verächtlich auf einen Hobbykollegen herabsehen, der eben andere Seiten des vielseitigen Hobbys bevorzugt. Und die absolute Wahrheit gibt es in unserem Hobby ebenso wenig wie in anderen Bereichen des Lebens.

2.2.1. Von der verlorenen Freude

Irgendwo zwischen Vorschriften des Bahnbetriebs, Schubladendenken und deren Übertragung auf das Hobby Modellbahn scheint

Modellbahn ist vieles in einem: Vorfreude, Begeisterung, Romantik, aber auch ein Stück Kultur- und Industriegeschichte.

der Spaß und die Freude am Bähnlefahren verloren gegangen zu sein. Was ist es denn anderes, wenn sich da ein Hobbykollege beschwert, dass »an deinem Bahnhofsgebäude ‚Calw' steht, aber auf dem Bahnsteig ‚Mittelstadt'. Woher sollen denn die Leute jetzt noch wissen, wo sie sind?« Genau! Wo sind sie, die Leute?
Dabei hat es kürzlich ein Prominenter, der sich zu seiner Modellbahnbegeisterung in einer Fernsehsendung bekannte, so schön ausgedrückt: »Es gibt wenige Dinge, die einen stets mit Vorfreude erfüllen. Die Modellbahn gehört dazu.«

Was mag geschehen sein? Eine Modellbahn lebt immer von und durch Emotion und Imagination, also Gefühl und Vorstellungskraft. Vor allem die Emotion wird da ein wenig vernachlässigt. Lassen wir nun einmal den Charme alter, oder seien wir höflich, älterer Modelleisenbahnen, auf sich wirken. Das ist ein durchaus gangbarer Weg, zum Modellbahnvergnügen zu kommen.

2.2.1.1. Die Anlage von gestern für heute

Dem Leser wird gleich zu Anfang starker Tobak zugemutet. Modellbahntechnik von vorgestern? Lächerlich! Gemach, gemach.
Märklinmodelle der »blauen Phase«, also aus der Zeit der blauen Verpackung der siebziger und achtziger Jahre sind z. B. bei Internet-Auktionshäusern bzw. beim Second-Hand-Händler zu akzeptablen Preisen zu bekommen. Dass deren Technik rustikal sein mag, dem wird nicht widersprochen. Aber robust und »unkaputtbar« sind sie in jedem Fall.
Für das Buch wurden daher in einem Internet-Auktionshaus und beim Second-Hand-Händler Märklin-Loks erstanden, zudem noch eine Gleisgrundausstattung mit dem guten alten M-Gleis. Die vier Loks wurden ausdrücklich als defekt verkauft und kosteten zusammen nicht mehr als 120,- Euro. Wo, bitteschön, gibt es noch so viel Lok fürs Geld?
Aber die sind doch defekt? Ja, aber die meisten Defekte lassen sich nämlich selber beseitigen. Evt. kann man im Vorfeld feststellen, welche Art von Defekt bei der Maschine vorliegt. Oftmals sind es aber nur altersbedingte Dinge, die leicht selbst zu beheben sind.
Viel wird schon erreicht, wenn die betagten Maschinen generalüberholt werden. Das umfasst eine ausführliche Reinigung: Dazu gehört das Entfernen von Fusseln und Schmutzverkrustungen den Radsätzen bzw. Stromabnehmern (bei Gleichstromfahrzeugen), die Reinigung des Ankers, das Entfernen von Kohlenabrieb, das Entfernen von verharztem Getriebefett, das Entfernen von überschüssigem Öl etc. Außerdem tauscht man sämtliche Verschleißteile aus.*
Man besorgt sich also im Fall des Falles die passenden Schleifer, Kohlen, Kupplungen, Birnchen und Haftreifen beim Fachhändler. Der Rest erledigt sich mit haushaltsüblichen Werkzeugen und Hilfsmitteln.

2.2.1.2. Masseverbesserung bei betagten Modellen

Gerade die älteren Modelle zeigen vereinzelt im Betrieb Aussetzer. Das liegt in der Regel an der Stromabnahme, in den seltensten Fällen aber am Schleifer. Vielmehr ist mangelhafter Massekontakt das Problem.
Relativ einfach lässt sich das Problem bei Modellen mit Drehgestellen lösen. Wechselstrommodelle mit Drehgestellkonfiguration nehmen die Masse über die Drehgestelle ab. Das Drehgestell ist mittels Zentralschraube mit dem Chassis der Lok verbunden. Die Masse wird zwischen Drehgestell und Chassis abgenommen, indem das Drehgestell sozusagen schleifend am Chassis befestigt ist. Diese Masseübertragung kann durch Korrosion oder Verschmutzung beeinträchtigt sein

** Wie das geht, kann man in einschlägiger Literatur nachlesen, z. B. in: »Jetzt helfe ich mir selbst: Modellbahn Lokomotiven pflegen, warten und erhalten«, Stuttgart 2008.*

Einbau der zusätzlichen Masseverbindung bei einer Märklin-Lok, hier der BR 151, die günstig über das Internetauktionshaus erworben wurde. Als Material fand hier ein übrig gebliebenes Stück Federbronze aus einem Schleiferbausatz zur Verbesserung der Stromaufnahme von N-Modellen Verwendung. Das Loch kann ruhig etwas größer als der Drehzapfen des Drehgestells ausfallen.

und zu den geschilderten Aussetzern führen. Abhilfe schafft man mithilfe eines alten nicht mehr benötigten Schleifers oder anderem Federbronzeblech (z. B. bei Fohrmann oder Conrad erhältlich). Aus dem Federblech wird eine Art »Krawatte« ausgeschnitten und wie ein Ring über die mittige Drehgestellaufnahme am Chassis geschoben. Wenn das Drehgestell wieder befestigt wird, stellt die Blechkrawatte einen federnden Kontakt zwischen Chassis und Drehgestell her und verbessert nachdrücklich die Stromaufnahme.

2.2.1.3. Gleispflege

Die alten M-Gleise von Märklin sind derzeit ebenfalls recht günstig bei Internet-Auktionshäusern oder beim Second-Hand-Händler zu erwerben. Natürlich sollte man sich auch schon im Vorfeld über den Schadzustand kundig machen. In der Regel genügt es, sie einer gründlichen Reinigung zu unterziehen, wenn sie nicht zu sehr verwittert sind. Schließlich war die alte Technik so schlecht nicht. Leicht und schnell erhält man auf diese Weise eine Grundausstattung an Gleisen und Fahrzeugen, die sicherlich nicht mehr dem technischen Standard des 21. Jahrhunderts entspricht, dafür aber robust und garantiert »made in Germany« ist.

Den häufig anzutreffenden Flugrost am Gleis beseitigt man mit Rostentferner, z. B. von Fohrmann. Er wird mittels Lappen aufgebracht und der Rost damit einfach weggerieben. Mit etwas Spiritus können Verschmutzungen gelöst und beseitigt werden. Die eigentliche Gleisreinigung erfolgt dann mit dem Schienenreinigungsmittel SR24, das mit einer Bürste aufgebracht wird. Es wirkt Schmutz lösend und Kontakt fördernd. Abschließend kann man die Gleise noch polieren, z. B. mit ganz leicht eingeöltem Leinenlappen.

Schmirgelpapier, das für die Reinigung der M-Gleise auch immer wieder empfohlen wird, ist m. E. zu »brutal« und auch gar nicht nötig. Der anhaftende Schmutz, »die geronnene Zeit«, wie der Dichter sagt, ist auf die beschriebene Art und Weise viel leichter und schonender zu beseitigen. Die Reinigung der Gleise und Fahrzeuge empfiehlt sich auch für diejenigen Modellbahner, die die vielleicht jahrelang auf dem Speicher aufbewahrten Schätze aus früherer Zeit jetzt endlich hervorholen und einsetzen wollen.

Das Ganze ist auch zukunftsfähig, um einmal eine moderne Floskel zu benutzen: Die Oldies sind prinzipiell auch mit digitalen Komponenten ausrüstbar, wenn es denn unbedingt sein muss. Weiter oben – der Hinweis sei in diesem Zusammenhang gestattet – wurde der Mehrzugbetrieb ohne Digitalausrüstung vorgestellt. Charme haben die alten Fahrzeuge und wecken in einem eine Erinnerung an die Jugendzeit, als die Phantasie noch ausreichte, einen Schuhkarton als Tunnel, und ein grün gefärbtes Laken als »Wiese« zu akzeptieren.

2.2.1.4. Erste Verkehrsflächen

Nun stellt sich die Frage nach der Anlagenfläche, auf der die Oldies verkehren sollen. Wie weiter oben erwähnt, hatte der Nachbar zunächst ein Türblatt auf zwei Stützböcke gelegt und einen Gleiskreis zusammengesteckt. Das reicht für den Anfang, stabil ist es auch, aber ausbaufähig wohl kaum, vom optisch-ästhetischen Anspruch einmal ganz abgesehen.

Hier richtet man den Blick wieder auf Hersteller von Fertigsystemen. In Zeitschriften inserieren zahlreiche solche Firmen (eine Adressauswahl findet sich im Anhang), die perfekte Unterbausysteme anbieten, die aber natürlich wieder ihren Preis haben. Wer das Geld dafür übrig hat, schön und gut. Wir aber wollen etwas anderes.

Leicht zu verwirklichen und dabei ausreichend stabil ist die Anlage im Regal, als Verkehrsfläche dient dabei ein Regalbrett, das z. B. Teil eines Regalsystems sein kann. Empfehlenswert ist ein Metallträgersystem, das an der Wand verschraubt wird. Das Anlagenbrett wird einfach auf die Querträger gelegt. Es genügt z. B. auch eine Styrodurplatte, doch dazu später mehr.

Mit den genannten Utensilien wurde die Anlage des im Eingang erwähnten Nachbarn aufgebaut. Es war ihm wichtig, dass nach kurzer Zeit gefahren werden konnte (»wegen der Kinder!«) und dass es viel zum Selbermachen gab und noch geben wird (»auch wegen der Kinder!«). Gerade das empfohlene alte M-Gleis eignet sich bestens für den fliegenden Aufbau.

2.3. Unterbaukonstruktionen und -materialien

Besser ist es aber, von Anfang an auf einen »richtigen« Unterbau zu setzen. Mit dem Begriff »Unterbau« sind die späteren Verkehrsflächen, wie die sie stützende Konstruktion zu verstehen. In der Regel besteht der Unterbau aus Holz, weil es relativ einfach zu bearbeiten und zu dem überall zu erwerben ist. Der Vollständigkeit halber sei erwähnt: Es gibt Alternativen wie Regalsysteme aus Metall, die aber recht teuer sind, sowie komplette Unterbau-Bausätze (siehe Ausführungen in Abschnitt 2.1 zum Thema Fertiganlagen), die natürlich auch ihren Preis haben. Wie bereits erwähnt, geht es uns um die Freude am Selbstbau mit der angenehmen Nebenerscheinung Preisgünstigkeit. Daher soll hier auf vorgefertigte Bausätze nicht weiter eingegangen werden.

2.3.1. Grundüberlegungen vorab

Die Fläche, auf der die Züge später fahren sollen, benötigt mindestens soviel Aufmerksamkeit beim Bau wie die sie unterstützende Konstruktion. Das muss bei aller Begeisterung für die rasch herzustellende Anlage gesagt werden. Kann man so etwas überhaupt schnell erledigen? Schließlich droht baldiger Frust, wenn der Unterbau zu wackelig ausgeführt ist und bereits zu zittern beginnt, wenn man den Raum nur betritt. Frust ist garantiert, wenn die Fläche, auf denen die Züge fahren sollen, durchhängt, sich dadurch Kontakt-

Die Verkehrsfläche muss eine Reihe von Voraussetzungen erfüllen, soll der Modellbahnverkehr hinterher nicht im großen Frust enden. Allerdings muss es nicht das »tonnenschwere« Leimholz aus Opas Zeiten sein. Moderne Materialien haben ebenso günstige Eigenschaften, wie noch zu sehen sein wird.

probleme einstellen. Noch schlimmer ist es, wenn sich das Gleis zu werfen beginnt, weil sich der Unterbau kräftig verzieht.
Zugleich wünscht man sich einen einfach herzustellenden und doch stabilen Unterbau, schließlich will man seine Zeit ja mit der Modellbahn verbringen und eben nicht mit aufwendigen Tischlerarbeiten. Zudem besitzen nicht alle Hobbykollegen eine entsprechende Schreinerwerkstatt.
Fassen wir zusammen: Was sollte der Unterbau im Hinblick auf die Themenstellung des Buches besitzen? Es ergibt sich folgender Anforderungskatalog an den Unterbau:

- Holzkonstruktion (leichte Verfügbarkeit ohne Lieferzeiten, verarbeitbar ohne Spezialkenntnisse)
- Verwendung fix und fertig erhältlicher Einzelteile
- Einfache Konstruktion (z. B. Verbindung durch Schrauben und/oder Leimen/Kleben)
- Keine Sägearbeiten
- Leichte spätere Ausbaumöglichkeit

2.3.2. Unterbau in Winkelträger-Bauweise

Also, nochmals die Frage: Kann ein Unterbau mit solchen Anforderungen überhaupt hergestellt werden? Ich denke: ja!
Bei der Suche nach einem solchen Unterbau bin ich auf die Winkelträger-Methode gestoßen. Nachdem ich sie selber ausprobiert habe, muss ich sagen: Das ist es! Einfach und schnell, umkompliziert ohne übergenaue Messerei, stabil, geringes Gewicht und dabei Berücksichtigung der individuellen Gleisführung und Landschaft – was will man mehr?

2.3.2.1. Stabil und verwindungsfest

Wie der Name schon sagt, werden bei dieser Methode Winkelträger verwendet. Zwei Leisten werden als L oder T-Winkel verbunden

(am einfachsten nur geschraubt, aber man kann das auch zusammenleimen oder beide Befestigungsarten miteinander kombinieren). Eine solche Winkelkonstruktion ist sehr stabil und verwindungsfest.
Verwendet man bereits abgelängte Leisten aus dem Baumarkt, erspart man sich sogar das Sägen zu Hause. Im hiesigen Baumarkt sind z. B. in großer Zahl vorrätig: 2100 mm lange Leisten 70 x 18 mm für die Winkelträger, für die Standbeine 34 x 56 mm bei einer Länge von 1000 mm, für die Querträger 17 x 35 bzw. 22 x 50 mm bei einer Länge von 2100 mm (im Bund zu Zwölfen günstiger). Daraus wurde der auf diesen Seiten vorgestellte Winkelträger-Unterbau (fast) ohne Sägen hergestellt. Man kann sägeraue Ware nehmen, die natürlich günstiger als gehobelte Leisten ist, die sind nämlich nicht notwendig. Man kann vor dem Zusammenbau des Rahmens z. B. mit einem Schleifer und Schleifpapier, aber natürlich auch von Hand die Leisten selbst glätten.

2.3.2.2. Das Gestell entsteht

Nachdem die Winkelträger zusammengebaut worden sind – einerlei ob T- oder L-förmig, beide sind gleich stabil und verwindungssteif – werden die Standbeine mit den Winkelträgern verbunden (durch Schrauben und/oder Leimen). Damit es optisch schöner aussieht, sucht man die Beine natürlich bei jedem Winkelträger an derselben Stelle anzubauen. Die Winkelträger sind so steif, das bei einer Baulänge der Unterkonstruktion von 210 cm vier Standbeine genügen. Die Beine werden einfach durch einen Teil des Winkelträgers hindurch festgeschraubt. Natürlich sollte man schon auf Rechtwinkligkeit der Beine zu den Trägern achten. Die Oberkante der Standbeine kann mit der Oberkante der Winkelträger fluchten.

Schnappschuss von der »Baustelle« – fein ist's, wenn man im leicht zu reinigenden Kellergang bauen darf. Man erkennt die Winkelträger (einer liegt, einer steht aufrecht), die hier soeben mit den Standbeinen verbunden werden (Leim und Schrauben – das hält bombenfest). Das wurde ohne sägen und ohne Helfer aufgebaut, man kommt also als »Einzelkämpfer« gut hin.

Im Bild Einschlagmuttern mit den zugehörigen Schraubfüßen; beim Einbau ist schon etwas Präzision vonnöten, damit die Mutter senkrecht sitzt. Das ebenfalls möglichst senkrecht einzubringende Loch für die Schraube ist natürlich vorher zu bohren.

Von Vorteil ist es, die Standbeine mit sogenannten Einschlagmuttern (einfache Schrauben mit breitem Kopf tun es aber auch) auszurüsten. Mit diesen Schrauben kann man hinterher den Unterbau auch auf unebenem Fußboden genau waagrecht ausrichten.

Kommt die Anlage in einem Winkel des Raums zum Stehen, kann man auf Diagonalversteifungen verzichten, weil die Wände evt. Pendelbewegungen auffangen bzw. unterbinden. Steht die Anlage frei im Raum ist je eine Diagonalversteifung pro Standbein vorteilhaft.

Man stellt also eine diagonal verlaufende Verbindung vom Standbein zum Winkelträger her (z. B. mit den Latten 17 x 35 mm), natürlich verwendet man Schrauben und/oder Weißleim.

Nun werden die beiden Winkelträger durch Querverbindungen (hier Material 17 x 35 mm) verbunden. Die Querverbinder sind vorher auf Maß zu bringen (ok, man muss sägen, aber der Sägeschnitt kann ruhig freihand ausgeführt werden).

2.3.2.3. Fertigstellung des Unterbaus

Damit sind zwei Winkelträger mit je zwei Standbeinen und Diagonalversteifungen entstanden. Die beiden Längsträger werden nun miteinander verbunden. Bei der Winkelträgerbauweise geschieht dies einfach durch Querträger (im Beispiel mit Leisten 17 x 35 mm). Sie sind passend zur vorgesehenen Tiefe der Anlage abzulängen und mit den Winkelträgern zu verbinden. Das kann durch Schrauben und/oder Leimen geschehen (von unten dreht man die Schrauben durch den Winkelträger und von dort in den Querträger, Vorbohren zweckmäßig), wer will kann auch einfach nur Schmelzkleber verwenden.

Die Querträger sollten in einem Abstand von etwa 40 cm zueinander eingebaut werden. Abschließend wird noch je eine Diagonalver-

Der fertige Winkelträger-Unterbau: Der Aufbau aus abgelängt gekauftem Material hat inklusive Schraubeneindrehen (mit Akkuschrauber) und Leimauftrag mit Rakel keine zehn Minuten gedauert. Der Unterbau ist verwindungssteif und flexibel. Da der hier gezeigte Unterbau in einer Raumecke zu Stehen kommt (wo er nicht pendeln kann), konnte auf Diagonalversteifungen verzichtet werden, die ansonsten empfehlenswert sind.

Ein Distanzholz aus der Grabbelkiste des Schreiners bildet die Auflage für die Trasse, hier aus Kapa-Material (siehe weiter unten). Als Distanzleisten lässt sich alles verwenden, was Küche und Keller bieten, es muss kein sauberes, neues Holz sein, man kann auch Reste verwenden. Wichtig ist nur die richtige Höhe. Die Leisten können am einfachsten angeklebt werden (mit Schmelzkleber geht es fix).

steifung von den hinteren Standbeinen zu den vorderen eingebaut. Damit ist der Winkelträgerunterbau bereits fertig und einsatzbereit. Wie man sofort erkennt, sind Aus- und Umbauten leicht und jederzeit möglich.
Dort wo Trassen oder Bahnhofsplatten eingebaut werden sollen, stellen einfache Holzleisten (die mit den Querträgern in der passenden Höhe verleimt und/oder verschraubt werden) Auflagen her. Trassen können dann aus Holz oder Kapa (siehe S. 50 ff), natürlich auch aus Styrodur bestehen. Landschaftsfixpunkte, z. B. zum Bespannen mit Drahtgewebe, werden ebenfalls mit abgelängten Holzleisten hergestellt.
Man kann die Querträger vorne mit einer Blende versehen (dann müssen die Querträger aber genau abgelängt worden sein, weil die Blende sonst nicht genau passt), hinten kann man eine Blende mit Landschaftskontur anbringen – beides ist aber nicht notwendig.

2.3.3. Alternativen zum konventionellen Unterbau

Natürlich ist die Arbeit mit Holz nicht allein seligmachend. Es gibt Alternativen, die jedoch leider mit Einschränkungen behaftet sind.

2.3.3.1. Verkehrsfläche aus Styrodur

Eine interessante Alternative für den stabilen Unterbau ist Styrodur (siehe Ausführungen auf S. 33 ff). Das feste, leicht bearbeitbare Material bietet sich als einfache Anlagenplatte an. Es gibt das Material z. B. in den Maßen 1200 x 600 mm, das reicht für eine Modellbahn in den Nenngrößen Z bis TT und selbst in H0 respektive H0m/H0e lässt sich damit ein Diorama mit einigen Betriebsmöglichkeiten aufbauen.
Schon das 30 mm dicke Material besitzt genügend Festigkeit für eine Anlage ohne jegliche Unterkonstruktion. Mit den in diesem

Buch beschriebenen Bauweisen kann man auf der Styrodurplatte rasch eine Anlage aufbauen, Gleise z. B. lassen sich mit lösungsmittelfreien Klebern aufkleben oder durch Einschottern mit Klebstoff fixieren.
Auf solidem Unterbau bietet sich Styrodur erst recht als Verkehrsfläche oder Trassenmaterial an, weil es sehr leicht zu bearbeiten ist und dabei hohe Festigkeit (auch gegen Verzug) besitzt.

2.3.3.2. Auf dem Boden bleiben – Teppichbahner

So haben wohl die meisten Modellbahner angefangen: Irgendwann einmal gab es eine Startpackung geschenkt, vielleicht zu Weihnachten oder zum Geburtstag, und auf dem Boden ging's gleich los: die Gleise zusammenstecken und losfahren, unterm Tisch durch, um das Sofa rum etc. Das war die Teppichbahn und als solche blieb sie uns in schöner Erinnerung.
Der heutige gestandene Modellbahner betreibt seine Anlage wohl auf einer tischartigen Konstruktion, jedenfalls nicht mehr am Boden. Außerdem begannen irgendwann einmal Rücken und Knie zu schmerzen und das Herumkrabbeln auf dem Boden machte eben keinen Spaß mehr.
Im Grund gilt die Teppichbahn als Anfangs- oder bestenfalls Durchgangsstadium der Modellbahnerei. Denn auf Mutters guter Auslegware verbietet sich das Aufgipsen eines ansehnlichen Bergs, auch das Bekleben des Flors mit Baum und Strauch erhöht das familiäre Glück kaum, selbst das Grünfärben des Hochflorteppichs als Imitation eines Walds stößt vermutlich nur selten auf Verständnis. Außerdem schlurft, schlappt und läuft ja auf dem Teppich in des Wortes wahrstem Sinne das ganze Familienleben ab. Auf der Auslegware, respektive dem Boden, wird man keine »gescheite« Modellbahnanlage aufbauen können. Punktum! Der Kompromiss wohnt dem Begriff inne, ohne Kompromisse kein Teppichbahning.
Aber: Angesichts mangelnder Freizeit und weiterer privater Verpflichtungen bleibt heute keine oder nur wenig Zeit für das Hobby. Das lässt nur einen Schluss zu: Demnach ist die Zeit reif für das »Teppichbahning«, die neudeutsche Form der guten alten Teppichbahn.
Noch ein kleiner Tipp an dieser Stelle: Beim Teppichbahnen bietet es sich geradezu an, unterschiedliche Gleissysteme nebeneinander zu betreiben. Die Stromzuführung mit den Kabeln artet mitunter aus, wild liegen die bunten Kabelspaghetti umher und laden geradezu ein, darüber zu stolpern.
Da gilt es Abhilfe zu schaffen: Warum nicht mittels Fußgängerbrücke. Was? Ja, Fußgängerbrücke, freilich ein Modell. Über dieses werden die Kabel zu den Gleisen geführt. Aus Holz wird eine Brücke mit einzelnen Gleisabgängen konstruiert. Über diese Brücke werden die notwendigen Kabel an die einzelnen Gleisanschlüsse herangeführt. Wer geschickt ist, baut die Kabel sogar unsichtbar in die Brücke ein. Nun liegt endlich kein Kabelwirrwarr auf dem Boden herum und der Fahrspaß kann unfallfrei beginnen.

2.3.4. Schaumstoffe als Modellbaumaterial

An dieser Stelle bieten sich einmal grundsätzliche Überlegungen zu Schaumstoffen im Modellbahnbereich an.
Styrodur hat in den vergangenen Jahren in den Modellbahnbau Einzug gehalten. Das Material hat eine Reihe von günstigen Eigenschaften, die es für unsere Zwecke zum empfehlenswerten Baustoff machen. Das Material ist erstaunlich fest und tragfähig. Es kann relativ problemlos bearbeitet werden und bröselt z. B. beim Sägen oder Schneiden nicht wie herkömmliches Styropor, wobei ja bekanntlich elektrostatisch aufgeladene Fusselchen abfallen, die überall haften bleiben und deren Beseitigung so manchen Hobby-

kollegen dem Wahnsinn nahe gebracht haben. (Wie ein preiswerter Styropor- respektive Styrodurschneider selbst zu bauen ist, wird ab S. 72 erläutert.)
Manche Baumärkte führen das Material, wobei es sich immer lohnt, die Preise zu vergleichen. Eine sichere Adresse sind Baustoffhändler, allerdings benötigt der Modellbahner ja nur geringe Mengen, weswegen er wohl kaum Mengenrabatt erhalten dürfte.
Geklebt werden kann Styrodur am einfachsten mit Weißleim, also dem konventionellen Holzleim aus dem Baumarkt. Nachteilig ist die lange Abbindezeit, die ein Fixieren (z. B. mittels Draht, der um die Bauteile gewickelt wird und dann wieder entfernt werden kann; oder mit kleinen Zahnstochern, die als »Steckverbinder« in das Material gestochen werden und dann dort nach dem Abbinden verbleiben) der zu verbindenden Bauteile erforderlich macht.
Sehr empfehlenswert – vor allem bei größeren Flächen – ist das Verbinden mittels doppelseitigen Klebeband, das die Styrodurteile bombenfest zusammenhält.
Der Profi verwendet den speziellen Styroporkleber, den es im Baumarkt in Tuben oder für den großen Bedarf auch im Eimer gibt. Dieser Kleber bindet deutlich schneller ab als Leim und ermöglicht dadurch einen raschen Baufortschritt. Allerdings ist dieser Klebstoff teurer als konventioneller Weißleim. Aufgetragen wird er mittels Spachtel oder – besser – Rakel (gezahnter Spachtel).
Gut eignet sich auch so genannter Montagekleber (z. B. Pattex, man muss aber darauf achten, dass auf der Tube ausdrücklich die Eignung für Schaumstoffe angegeben ist).
Mancher empfiehlt auch Heißkleber, der zwar sehr gute Bindeeigenschaften besitzt, aber, da er, wie der Name ja schon sagt, heiß verarbeitet werden muss, löst er das Material an und wenn man nicht aufpasst auch auf. Ein gangbarer Weg ist es, eines der zu verbindenden Teile dünn mit Weißleim einzustreichen und dann mehrere Kleckse Heißkleber aufzubringen. Der Weißleim verhindert dann das Durchschmelzen der Klebertropfen. Bis man das Teil mit dem anderen zusammenbringt, ist der Kleber bereits soweit abgekühlt, dass er keinen Schaden mehr anrichtet, aber sofort sehr hohe Festigkeit erzielt.
Damit kann das Ganze recht gut fixiert werden. Aber wie gesagt: Man benötigt dazu Fingerspitzengefühl, denn schnell hat man zu viel des Heißklebers aufgetragen, der wiederum zu viel des Kunststoffmaterials auflöst. Vorversuche sind daher zweckmäßig.

2.3.4.1. Ungeeignetes Dämmmaterial

Wer erst einmal Styrodur zu Hause hat, kann damit auch auf unsinnige Ideen kommen. Ein Modellbahnkollege hatte sich das Material besorgt, um damit die Landschaft seiner entstehenden Anlage zu modellieren. Als er da so sägte und schnitt, kam ihm die – im nachhinein dumme – Idee, damit die Wände seines Hobbykellers von innen »gegen den Wärmeverlust«, wie er meinte, zu isolieren. Bald hatte er nämlich mit Schimmelbefall im Raum zu kämpfen, das Raumklima war auch aus dem Gleichgewicht, es roch muffig und feucht. Der Gute hatte den Luftaustausch unterbrochen und dafür gesorgt, dass die Feuchtigkeit nicht mehr ausgeglichen werden konnte, worauf Schimmelpilzsporen nur warten. Kellerräume dämmt man also besser von außen.

3. Gleise und Trassen

Mit der Gleisverlegung steht und fällt der erhoffte Spaß! Ein schlecht und schlampig verlegtes Gleis wird den Betriebsspaß für immer beeinflussen. Daher sind wir hier an einem Punkt angelangt, an dem unsere Maxime Schnelligkeit zunächst etwas zurück treten muss. Dennoch kann man sehr viel Geld bei der Gleisverlegung sparen, das wird im Folgenden gezeigt.

Unter rationellen Gesichtspunkten kann in der Regel nur Bettungsgleis empfohlen werden, denn es bringt den »Schotter« sozusagen gleich mit. Da das Gleis produktionsbedingt nur einen Farbton aufweist, muss es farblich nachbehandelt werden. In diesem Fall ist das Roco-Line-Bettungsgleis mit braun-grauer Dispersionsfarbe (aus dem Baumarkt), der ein Spritzer Spülmittel zugesetzt worden ist, gestrichen worden. Die Schienenprofile haben einen Anstrich mit stark verdünnter Dispersionsfarbe erhalten. Abschließend verleiht ein granierender Auftrag von weißer Farbe dem Ganzen noch Struktur und Tiefe.

3.1. Wichtige Vorüberlegungen

Das Problem ist klar: Das Gleis ist ein neuralgischer Punkt einer Modellbahn. Denn über die Gleisstränge läuft der Betrieb. Wird hier am Material gespart und zu flüchtig gearbeitet, wird die Bahn durch Betriebsprobleme nie die gewünschte Freude bereiten. Stehen bleibende Loks und entgleisende Wagen nerven und nehmen auch dem hartgesottensten Modellbahner bald die Freude am Modellbahnbetrieb.
Es gilt also, einen Kompromiss zu finden zwischen Fahr- und Betriebssicherheit und rationellem Aufbau. Das Angebot an geeigneten Gleissystemen ist so riesig nicht, Selbstbaugleis scheidet aus Zeitgründen ohnehin aus.

3.1.1. Wahl des optimalen Gleissystems

Die Erfahrung hat gezeigt, dass das erhältliche Industriegleis auch so seine Macken hat, in betriebstechnischer Hinsicht optimal ist wohl keines. Der Gleisbauer, der nicht seine Schienen selbst nageln will, muss halt mit den Kompromissen leben lernen. Der folgende Anforderungskatalog beschreibt die wichtigsten Voraussetzungen, die ein Gleissystem erfüllen sollte, damit der Fahrspaß nicht schon an der ersten Kurve endet. Ergänzt wird die Aufstellung durch Tipps aus der manchmal leidigen praktischen Erfahrung:

- Polarisierbare Herzstücke beim Gleichstromsystem
- Möglichst großzügige Radien, die die Fahrsicherheit erhöhen
- Schienenabstände nach NEM (Fahrsicherheit)
- Gleise sollten »so wie sie aus der Schachtel kommen« verwendbar sein
- Robuste Weichenmechanik
- Auf Doppelkreuzungsweichen (neuralgisch im Hinblick auf Fahrsicherheit und Stromversorgung) verzichten
- Bogenweichen mit zu engem Radius nicht verwenden (Fahrsicherheit)
- Verrostete und/oder verzunderte und/oder verbogene Gleise nicht mehr verwenden

Außerdem sollten folgende Anforderungen an die Verlegung erfüllt werden, damit der Fahrspaß lange erhalten bleibt bzw. sich überhaupt einstellt:

- Solider Unterbau/solide Trassierung (keine durchhängenden Trassen)
- Befestigte Gleise (keine »federnde Lagerung«)
- Funktionalität vor Geräuschdämmung
- Keine S-Kurven ohne Zwischengerade
- Saubere Gleislage (nicht verwunden)
- Keine Knicke im Gleisverlauf (sowohl horizontal wie vertikal)
- Erreichbarkeit der Gleise zur Reinigung gewährleisten (Gleispflege sicherstellen)

3.1.1.1. Betriebssichere Roco-Line-Weichen mit Bettung

Bei älteren Roco-Line-Weichen mit Bettung stellen sich an Flügel- und Backenschienen bisweilen Kontaktprobleme ein. Die beiden Schienen besitzen Gelenke, über die die Stromversorgung der Flügel- und Backenschiene erfolgt. Diese Gelenke ruhen in Metalllagern, die mit der Zeit Kontaktprobleme verursachen. Das kann an eingedrungenem Schmutz liegen, aber bisweilen sind sie einfach auf nachlassende Elastizität des Lagers zurückzuführen, das nicht mehr genügend Reibungsdruck aufbringt. Am einfachsten schafft man Nachhilfe, indem die Flügel- und Backenschiene über eine Litze mit den Zungenenden verbunden, also verlötet werden. Damit ist stets eine optimale Stromversorgung der beiden Schienen gesichert.

Eine nachgebesserte Roco-Line-Weiche, Baujahr 1994: Nach der Wiederverwendung ergaben sich Kontaktprobleme (siehe nebenstehenden Text). Einfach und schnell wurden Flügel- und Backenschienen wie beschrieben mit je einer Einzellitze (nahezu unsichtbar) durch Löten verbunden. Ergebnis: keine Kontaktschwierigkeiten mehr.

3.1.2. Bettungsgleise

Ohne an dieser Stelle in die eigentlich überflüssige Diskussion über die Berechtigung von Bettungsgleisen einsteigen zu wollen – es ist doch einerlei, ob sie nur für den Spielbahner und Einsteiger oder auch für anspruchsvolle Modellbahner geeignet sind – seien ein paar Worte zum »richtigen« Gleissystem gestattet.

Ein Gleissystem, das seine Bettung gleich mitbringt, spart eine Menge Zeit, die für andere Bauaufgaben genutzt werden kann. Daher sind sie für unsere Zielsetzung sehr interessant. Dabei ist zwischen zwei verschiedenen Systemen zu unterscheiden: Das Gleis mit fest angespritzter und daher nicht entfernbarer Bettung und solchen Systemen mit einer entfernbaren Bettung.

Letzterer Fall umfasst im Bereich H0 eigentlich nur Roco Line mit Bettung, das mittlerweile nicht mehr hergestellt wird, aber noch erhältlich ist. Mit etwas Vorsicht lassen sich auch die Weichen zerlegen und sogar ganz ohne Bettung verwenden. Der Vorzug eines solchen Systems ist es, dass man zumindest die Streckengleise auch später noch verwenden kann, wenn die Ansprüche steigen. Man entfernt dann einfach die den eigenen Ansprüchen als nicht mehr angemessen angesehene Bettung und verwendet die Gleise für eine selbst gefertigte individuelle Bettung weiter. Roco Line mit Bettung war das einzige im Hinblick auf die Abmessungen der Bettung maßstäbliche Bettungsgleis in Großserienfertigung.

Die Masse aber stellen Systeme mit fest angespritzter Bettung dar: Märklin C, das alte, nicht mehr produzierte, aber noch erhältliche Märklin-M-Gleis, Trix C, Fleischmann profi (H0 und N), Roco geoLine (H0) und Tillig mit Bettung (TT). Die Zeitersparnis bei der Ver-

Das zu schmale Fleischmann-Profi-N-Gleis wurde optisch verbessert, indem das Gleisbett einfach durch nachträglich gestreuten Schotter verbreitert wurde.

Ein bisschen Grünzeug im Gleis kann nicht schaden.

wendung solcher Gleise steht außer Frage, die Optik aber ist Gegenstand von Diskussionen.

Hauptdiskussionspunkt ist die Breite der Bettung, die bei allen Systemen geringer ist, als sie es maßstabsgerecht zu sein hätte. Der Grund ist klar: Bei maßstabsgerechter Ausführung müsste man in den Überschneidungsbereichen, dort wo Bettung an Bettung stößt, herumschneiden – so wie es bei Roco Line der Fall war. Aus diesem Grund sind die Bettungen schmäler ausgeführt, bei den schlanken Weichen von Märklin und Trix C wird im Überschneidungsbereich Bettungsteile ausgetauscht, um ein Schneiden zu verhindern.

Weiter oben wurde das alte M Gleis für die schnelle Anlage empfohlen, weil es recht preisgünstig zu erwerben ist. Wie es zu reinigen und auf Vordermann gebracht werden kann, wurde dort bereits kurz erläutert.

3.1.2.1. Optische Gestaltung

Um zu einem optisch zufriedenstellenden Bettungskörper am M-Gleis zu kommen, muss der Modellbahner nachbessern. Im Prinzip unterscheiden sich die Arbeiten unabhängig vom verwendeten Gleismaterial nicht, sind also universell anzuwenden.

Man rührt mit Quarzsand (Vogelsand), Weißleim und Dispersionsfarbe (Farbton nach persönlichem Geschmack bzw. Erfordernis in Abhängigkeit vom verwendeten Gleissystem) – natürlich kann man auch erst danach färben – eine Mischung an, mit der man die Böschung neu modelliert. In diese noch feuchte Mischung wird dann sowohl farblich wie von der Struktur her passender Schotter eingestreut und mit einem feinen Spachtel oder einem Holzklötzchen angedrückt.

Man kann die frisch modellierte Bettung aber auch einfach lassen wie sie ist. Nach einem Tag ist alles schön trocken und dann geht man an die Farbgebung. Je nach persönlichem Geschmack mischt man sich seine Schotterfarbe aus preiswerten Dispersionsfarben (in diesem Fall keine Wasserfarben, da sie zu nass aufgetragen werden und dadurch die Bettung wieder aufweichen) und trägt die mit Wasser verdünnte und mit ei-

Mit eingefärbtem (Dispersionsfarbe) und mit Weißleim vermischtem Vogelsand wird eine neue, korrekt bemaßte Böschung modelliert.

Hier wurde die Bettung nachträglich mit Farbe aus der Sprühdose eingefärbt.

Mit fast trocken aufgetragener weißer Dispersionsfarbe wurde abschließend drübergraniert. Dazu ist der trockene (!) Pinsel in ganz wenig Farbe zu tauchen und sofort über einem Brettchen abzuwischen. Mit dem nahezu »farblosen« Pinsel wischt man nun ganz behutsam über die Schotteroberfläche. Das Ergebnis hebt die Strukturen hervor, schmiert die einzelnen Steinchen aber nicht zu.

Hier wurde der gesamte Gleisbereich nachträglich nach nebenstehend beschriebenen Granier-Methode optisch verfeinert. Wichtig ist, immer mit trockenem Pinsel zu arbeiten. Der Bahnsteig im Bild besteht übrigens auch aus nachträglich eingefärbtem Vogelsand. Die Kante wurde aus abgelängtem Schienenprofil und Balsaholzstreifchen gebaut – das sieht so richtig schön alt und zerhauen aus.

nem Spritzer Spülmittel (zur Entspannung des Gemischs, erhöht die Kriechfähigkeit) versehene Mischung mit einem breiten Borstenpinsel auf. An den neuralgischen Punkten wie den beweglichen Teilen von Weichen oder Entkupplungsgleisstücken passt man natürlich auf.

Nach dem Durchtrocknen graniert man noch mit etwas weißer Farbe darüber und hebt so noch einige Details hervor und schafft Strukturen. Fertig! Das alte Märklin-M-Gleis z. B. gewinnt durch diese Behandlung enorm. Ach ja: Die anmodellierte Bettung lässt sich übrigens durch Wassergaben wieder aufweichen und fast rückstandlos entfernen.

3.1.2.1.1 Farbliche Nachbehandlung

Damit wieder zurück zum modernen Bettungsgleis. Eine andere Möglichkeit diese Bettung zu optimieren, besteht darin, die Bettung farblich nachzubehandeln. Hat man sich entschieden, das Gleisbett zunächst zu verbreitern, wie oben beschrieben, kann man das Einfärben auch erst danach, sozusagen in einem Rutsch, machen. Manche kolorieren gern mit der Spritzpistole, in Englisch »Airbrush« genannt. Die Anschaffung eines solchen Geräts ist aber nicht billig und im Grunde auch nicht nötig. Mit dem Pinsel geht es genauso gut.

Wer mag, kann seine Gleise natürlich mit der Spraydose farbig nachbehandeln. Allerdings muss man dann halt mit den angebotenen Farben zufrieden sein, etwas zusammenmischen geht nicht, da jede Farbschicht die vorherige überdeckt. Auf alle Fälle sind die Weichen gut abzudecken, damit keine Farbe bewegliche Teile verkleben oder in der Bewegung behindern kann.

Die Farbe aus der Spraydose ist sofort nach dem Auftrag von den Gleisoberkanten, also dort, wo beim Gleichstromsystem die Übertragung des Potenzials zu den Rädern der Loks bzw. im Wechselstromsystem der Rückfluss des Stroms von den Rädern stattfindet, abzuwischen. Lässt man die Farbe auftrocknen, sorgt man für große Kontaktschwierigkeiten, denn die Farbe geht mit dem allgegenwärtigen Staub und Gummiabrieb sowie dem hauchdünnen Ölfilm auf den Schienenoberkanten gern ein heimtückisches Gemisch ein, das sich nur brachial unter Einsatz von Schleifklötzen entfernen lässt. Dass dabei dann auch Schienensubstanz mitentfernt wird, muss in Kauf genommen werden. Besser, weil behutsamer, geht es mit dem Pinsel. Man verklebt dabei nicht so leicht bewegliche Weichenteile und züchtet weniger Kontaktschwierigkeiten, weil sich die verwendete Farbe – in der Regel sollten es Dis-

Der Farbauftrag mit Dispersionsfarben, hier auf Märklin-M-Gleis, das wiederum über Internetauktionshäuser preisgünstig erworben werden konnte.

Ganz bewusst und nicht aus Faulheit wurde ein Gleisstück nur halb nachbehandelt, um eben den Unterschied zu zeigen. Mit der beschriebenen Granier-Methode lässt sich optisch auch aus dem alten M-Gleis noch einiges herausholen.

persionsfarben sein – leicht mit einem Hölzchen vom Gleisprofil wieder entfernen lässt. Man verwendet – wie erwähnt – Dispersionsfarben aus dem Baumarkt, weil diese matt auftrocknen und vor allem den Kunststoff der Bettungen nicht angreifen, was von manchen anderen Farben nicht behauptet werden kann.

Die Farbe wird in einem Behältnis im gewünschten Farbton gemischt und – ganz wichtig – mit Wasser verdünnt. Andernfalls würde ihre dicke Konsistenz die feinen Schotterstrukturen eher zusetzen als hervorheben. Aufgetragen wird die Farbe mit einem breiten Borstenpinsel.

Auf einer kleineren Holzplatte wird etwas Farbe aufgetupft. Mit dem Borstenpinsel nimmt man nur wenig Farbe auf und wischt den Pinsel sofort über das Holz ab, sodass nur wenig fast trockene Farbe im Pinsel verbleibt. Damit wird über die Gleisbettung »gewischt«. Wer richtig nass Farbe aufträgt, läuft wiederum Gefahr Details zuzuschmieren, anstatt sie hervorzuheben.

Man kann in mehreren Arbeitsgängen und mit verschiedenen Farbtönen seine Gleisbettungen auf diese Weise farblich gestalten. Abschließend wird nach derselben Technik mit hellgrau oder weiß darüber graniert, also darüber gewischt, was das letzte an Details hervorhebt. Die Verwendung von Trocken- bzw. Pigmentfarben zu diesem Zweck wird bisweilen empfohlen, aber sowohl aus gesundheitlichen wie Kostengründen möchte ich davon abraten.

Die beschriebene Technik eignet sich ebenso gut für individuell eingeschottertes Gleis, um einen bestimmten Farbton zu erzeugen. So richtig preisgünstig wird es dann, wenn man auf Modell-Schotter ganz verzichten will und günstig erstandenen Vogelsand oder anderen Quarzsand (z. B. Aquariensand aus dem Heimtierhandel) zum Schottern (z. B. nach der hinlänglich bekannten Weißleim-Wasser-Methode) verwendet. Er lässt sich nach dem Durchtrocknen ebenfalls leicht nachfärben.

3.1.2.1.2 Schnelles Verrosten

Wie kann man die Gleisprofile schnell und einfach mit Rostfarbe versehen? Der Modellbahner greift in der Regel zu Pinsel und Farbe und pinselt die Profile in zeitaufwendiger Art und Weise ein. Das geht noch schneller: Mit einem Edding 4000 werden die Gleisprofile schnell eingerostet, ohne einen Pinsel ständig ins Gläschen tunken und dann abstreifen zu müssen.

Der Edding 4000 ist ein sogenannter Dekomarker mit Rundspitze, die zwischen 2 und

Hier wurden mit Braun und Orange Rostspuren schnell und einfach imitiert, kleckern oder vollschmieren von anderen Teilen ist ausgeschlossen. Das Profil links hinten erstrahlt übrigens noch im Originalzustand, um einen Vergleich zu ermöglichen.

4 mm misst. Der Stift besitzt eine wasserfeste, pigmentierte, geruchsneutrale Tusche auf Wasserbasis, ihr Fluss wird über ein Ventil gesteuert: erst wenn mit einem gewissen Druck gearbeitet wird, fließt Farbe in die Rundspitze und von dort auf die zu bemalende Oberfläche.
Mit der Tusche können verschiedenste Materialien (Holz, Terracotta, Metall, Papier, Kunststoff, auch auf transparenten oder dunklen Oberflächen) lackartig bemalt werden, die Tusche ist satt deckend und glänzt seidenmatt. Zudem weist sie eine hohe Licht- und Hitzebeständigkeit auf – beides ist wichtig: Knallt die Sonne auf unsere Anlage, so macht der Farbe das nichts aus, und wenn man mal zum Lötkolben greift, platzt die Farbe nicht gleich weg. Übrigens trocknet die Farbe recht schnell.
Es gibt den Stift in vielen Farben, darunter auch das für uns interessante Orange (Artikelnummer 006) und in Braun (Artikelnummer 007 – was für eine Bezeichnung!), auch der Farbton Kupfer (Artikelnummer 055) verspricht schöne Ergebnisse. Mit dem Braun ergibt sich der Eindruck eines Profils mit Flugrost, das Orange hingegen erweckt den Eindruck eines schon recht kräftig verrosteten Profils. Man kann verschiedene Farben ausprobieren, um seinem persönlichen Geschmack entsprechend die Gleise einrosten zu können. Natürlich lässt sich abschließend noch mit weißer Dispersionsfarbe darübergranieren (siehe oben S. 39), um etwas mehr Struktur zu erreichen.
Beim ersten Benutzen pumpt man Farbe in die Rundspitze, indem der Stift mehrmals leicht auf eine Fläche gedrückt wird. Bald fließt Farbe in die Spitze und der Stift ist einsatzbereit. Ganz einfach fahre ich jetzt mit dem Stift die Gleisprofile entlang und »roste« die Gleise damit schön ein. Während der Wechselstrombahner hemmungslos färben kann, muss der Gleichstrombahner natürlich im Herzstück- und Backenschienenbereich seiner Weichen aufpassen, um nicht durch einen Farbauftrag dort die Leitfähigkeit zu behindern. Falls doch, lässt sich die Farbe mit dem Schleifklotz von Roco z. B. wieder entfernen, wenngleich mühselig. Also lieber vorher aufpassen, als hinterher mühsam herumzuschleifen.

3.1.2.2. Schottern

Soviel zur optischen Nachbehandlung von Bettungsgleisen. Was aber, wenn man bereits einen großen Fundus an Gleisen ohne Bettungskörper sein Eigen nennt? Man kann ja wohl nicht alles wegschmeißen und – aus zeitlichen wie rationellen Gründen – auf Bettungsgleissysteme umsteigen.
Aber auch wer lieber mit einem vorbildgerechten Gleisjoch arbeitet, lehnt Bettungsgleise ab. Generell ist mit Gleisen ohne Bettung natürlich leichter zu arbeiten, man denke etwa an den weiter unten beschriebenen Umbau des Märklin-C-Gleis, um zu einem Flexgleis zu kommen etc. Individuelle Radien sind leichter zu bauen als bei Bettungsgleis, auch Anpassungsarbeiten im Bahnhofsbereich, wo das Gleis ja nicht auf einem Damm liegt, fallen weg oder sind leichter durchzuführen.
Natürlich kann man mit einem »bettungslosen Gleis« ein individuelles Schotterbett viel leichter nachbilden. Denn ein industriell gefertigtes Schotterbett ist natürlich aus fertigungstechnischen Gründen in der Regel einfarbig. Welche preisgünstigen und schnell umzusetzenden Möglichkeiten zum individuellen Schotterbett zu kommen bieten sich also an?

Hartschaum-Gleisbettungen

Bekannt sind die fertigen Bettungen. Solche Bettungen aus Hartschaum eignen sich auch für die Gleissysteme ohne Bettung, also Roco Line, Fleischmann Modell, Märklin K, Tillig (H0, TT), alle Systeme in N (ohne Fleischmann profi und Kato), Z.
Ein Sonderfall sind Gleisbettungen aus Hartschaum, etwa von Merkur (im Vertrieb von Noch). Das sind Fertigbettungen für alle gängigen Gleissysteme. In den Hartschaumplatten befinden sich Vertiefungen, die das Gleis aufnehmen. Auf der Oberseite des Hartschaums befindet sich eine Art Folie, die mit

Korkschotter beklebt ist. Über die Optik kann man streiten, dafür ist es eine saubere Sache. Allerdings muss beim Verarbeiten mit Sorgfalt vorgegangen werden. Denn allzu leicht geraten Schotterkörnchen in die Vertiefungen der Bettung, sodass hinterher keine gerade Gleislage erreicht wird. Ggf. können solche Körnchen auch die Mechanik der Weiche beeinträchtigen.
Ein rascher Baufortschritt ist nicht unbedingt gewährleistet, da das Verarbeiten und Verkleben der Hartschaumplatten Zeit in Anspruch nimmt. Zudem müssen die Böschungen auf freier Strecke durch Schnitte in der Platte hergestellt werden.
Die Tillig-Fertigbettung verwendet übrigens Steinschotter, was optisch der Merkur-Bettung überlegen erscheint. Der Vollständigkeit halber sei noch die Mössmer-Bettung (im Vertrieb von Noch) erwähnt, die aus Schaumstoff als Trägermaterial besteht, die Oberfläche ist mit Schotter beklebt. Dadurch ist das Material wesentlich haltbarer als die früheren Ausführungen, denn Schaumstoff, der ungeschützt UV-Strahlung ausgesetzt wird, zerfällt nach einiger Zeit.

Selber Schottern

Die Alternative bietet sich im Selberschottern. Oh je, wird so mancher stöhnen, Weißleim, Wasser und Spülmittel, Pinselchen, zittriges Aufträufeln, Kreuzschmerzen nicht zu vergessen, und ein Arbeitsfortschritt wie eine Schnecke... Nö, muss nicht sein! Geht auch schneller.
Zunächst einmal zum Schotter. Man muss da nicht Steinschotter, Korkschotter oder was es da sonst noch gibt verwenden. Vogelsand oder Aquariensand aus der Zoohandlung oder Quarzsand aus dem Baumarkt tun es auch, sind leicht zu beschaffen und zudem auch in größeren Mengen sehr preisgünstig erwerbbar.

Schottermatte

Sehr schnell geht es z. B. mit der Schottermatte. Das ist auf Papiermatte aufgebrachter Schotter, ähnlich der bekannten Grasmatten.

Eine Schottermatte ermöglicht rasches und sauberes Schottern einer Gleisstrecke.

Ein Gleisjoch auf zurecht geschnittener Hartschaumunterlage.

Einfach zuschneiden, auf die Trasse kleben und das Gleis drauflegen. Fertig! Vorteil: Das Gleis ist wiederverwendbar und wird nicht mit Schotter beklebt.
Um einen Damm nachzubilden, kann man Trittschalldämmung (siehe die Ausführungen zu dem Material weiter unten) auf die Trasse kleben, darauf dann das Schotterpapier und zum Schluss das Gleis.
Eine andere Möglichkeit besteht darin, doppelseitiges Klebeband zu verwenden. Es wird entsprechend der Gleisachse auf die Trasse aufgeklebt, das obere Schutzpapier aber noch nicht abgezogen. Nun wird das Schutzpapier immer für etwa 30 cm abgezogen und das Gleisjoch Stück für Stück aufgelegt und angerückt. Ein nachträgliches Korrigieren ist hierbei nicht oder kaum mehr möglich. Daher muss das Gleis sofort richtig liegen. Abschließend wird dann eine dünne Schicht Schotter aufgestreut und angedrückt. Er bleibt an der Klebeschicht haften. Vorteil: Eine sehr saubere Methode, aber sie bedingt sehr genaues Arbeiten, Korrekturen sind schwierig, zudem nimmt das Gleis beim Umbauen ziemlich sicher Schaden, weil die Klebeschicht sehr fest hält und das Gleis nur mit brachialer Gewalt wieder auszubauen ist.

Schotter mit Kleister

Vielleicht ist die folgende Methode daher sie beste, da sie ein optisch sehr befriedigendes Ergebnis liefert und zudem das Gleis dabei nicht beschädigt wird. Schnell und relativ sauber zu erledigen ist sie auch noch.
Alles was man benötigt, ist Schotter und Kleisterpulver, wie es im Karton im Baumarkt zu erwerben ist.
Es spielt keine Rolle, ob wir »richtigen« Steinschotter, Korkschotter oder Vogelsand nehmen. Da kann man den Geschmack entscheiden lassen.
Zunächst wird der Schotter im Verhältnis von 2:1 mit Tapetenkleister (das trockene Pulver)

Im Bild die Utensilien für das schnelle und einfache Schottern: Gleisschotter, Mischbehälter und Kleister. Wichtig ist das sorgfältige Durchmischen von Schotter und Kleister.

Nach dem Aufstreuen des Schotters wird sorgfältig mit einem weichen Pinselchen der Schotter verteilt. Sorry, das dauert halt seine Zeit, beschert aber ein gutes Ergebnis, denn »vergessene« Schottersteinchen könnten später den Betrieb empfindlich stören.

Hier zum Vergleich ein farblich behandeltes Profil mit Vogelsand als Schotter, auch der Sand lässt sich in der beschriebenen Methode mit Kleister ausreichend fixieren.

vermischt. Dafür empfiehlt sich eine größere Schale, in der das Material gut durchmischt wird. Danach bietet es sich an, das Schottergemisch z. B. in eine Spülmittelflasche oder eine Kaffeemilchflasche zu füllen. Mit der Flasche kann man das trockene Gemisch bequem aufstreuen. Dabei sollte man das Gemisch immer wieder einmal gut durchschütteln, um eine gute Durchmischung stets zu gewährleisten.

Doch ehe man den Schotter auf das frisch verlegte Gleis aufstreut, muss verhindert werden, dass der Schotter von den Trassenböschungen abrutscht. Daher wird der Bereich links und rechts des Gleises mit verdünntem Weißleim (ein Teil Weißleim, sechs Teile Wasser) eingestrichen.

Dann kann das Verteilen des Schotters erfolgen. Aus dem Fläschchen füllen wir die Mischung auf und neben das Gleis. Dann gilt es, mit einem feinen Pinselchen den Schotter sorgfältig zu verteilen. Man sollte außerdem darauf achten, dass weder auf den Schwellen noch auf den Schienen Schotter liegen bleibt. Da unser Gemisch ja noch staubtrocken ist, dürfte das Wegfegen keine Probleme bereiten.

Nun gilt es, den Schotter leicht zu verfestigen, indem mit einem geeigneten Hilfsmittel (z. B. ein Korken oder ein selbst gebautes Stempelchen aus Holz) die Schottermischung leicht angedrückt wird. Dadurch lassen sich beim Streuen entstandene Unebenheiten ausgleichen.

Nun erfolgt der letzte und entscheidende Arbeitsgang, das Einsprühen. Man nimmt eine Sprühflasche (aus dem Apothekenbedarf oder eine Blumenspitze aus dem Baumarkt) und füllt sie mit Wasser. Dem Wasser wird ein Spritzer Spülmittel beigesetzt, was die Kriechfähigkeit des Wassers verbessert.

Mit dem Gemisch werden nun die frisch geschotterten Gleise eingesprüht. Der im Schotter vorhandene Tapetenkleister reagiert auf das Wasser, bildet Klebeeigenschaften aus und bindet in wenigen Stunden ab. In etwa zwei Stunden kann die erste Probefahrt beginnen.

In der Praxis hat sich gezeigt, dass es trotz sorgfältigem Schütteln unter Umständen doch zu mangelhafter Durchmischung kommen kann. Der Schotter klebt dann an einigen Stellen nicht. Doch Abhilfe ist einfach: Auf die »Löcher« wird etwas Weißleim auf-

Der aufgesprühte Schotter – wie einfach hat es der Modellbahner doch gegenüber dem Vorbild... Trotzdem: Beim Aufsprühen unbedingt darauf achten, dass die Umgebung gut abgedeckt wird und dass zum besseren »Zielen« des Sprühstrahls ein Papierkragen eingesetzt wird. Aus der Sprühfalsche kommen nämlich kleine Batzen (kein Sprühnebel, wie bei Spraydosen sonst üblich) Farbe, die alles zusetzen.

gepinselt und mit dem Schotter bestreut. Jetzt hält es bombenfest.
Und das Schönste: Beim Umbau ist mit etwas Wasser das Schotterbett bequem aufzuweichen und die Gleise sind beschädigungsfrei entnehmbar. Das Arbeitstempo mit dieser Methode ist hoch, mehrere Meter Gleis an einem Abend einzuschottern realistisch.

Spray-Schotter
Für den Modellbahner ist der Baumarkt das Paradies schlecht hin. Dort findet er so gut wie alles für den Bau der eigenen Anlage und bisweilen auch zu einem günstigeren Preis als im Fachhandel. Sicher, der Modellgips im Modellbahnfachhandel ist feiner als der einfache Elektrikergips im Baumarkt, aber im Rahmen der Zielsetzung dieses Buches reicht er völlig aus.
Ganz ähnlich verhält es sich mit Schotter. »Schotter aus der Spraydose« ist eine echte Alternative zum mühseligen Selbstschottern mit Weißleim, Spülmittel und Schotter (sei es Vogelsand oder echter Steinschotter). Im Baumarkt findet sich in der Farbenabteilung sogenannter Effekt-Lack aus der Spraydose. Gedacht ist das für den Deko-Bedarf, z. B. zur Imitation von Steinoberflächen auf Holzmaterialien.
Es gibt verschiedene Produkte, die unterschiedliche Steinoberflächen nachbilden sollen. Je nach Geschmack findet sich der eine oder andere Lack, mit dem Schotter imitiert werden kann. Bei dem Effekt-Lack handelt es sich in der Regel um ein Spray, das auch auf Styroporuntergründe aufgesprüht werden kann, es greift das Material nicht an.
Die Umgebung der Strecke, die damit »eingeschottert« werden soll, muss gut abgedeckt werden, da der Sprühnebel ansonsten alles mit Farbe überzieht. Um den Sprühnebel zu begrenzen, empfiehlt sich ein Papierkragen. Einfach eine Papiertüte falten und vor die Spritzdüse halten. Der Farbauftrag kann auf diese Weise sehr gut und einfach gelenkt werden.
Bevor jedoch losgesprayt wird, empfiehlt sich ein Farbauftrag auf der Gleistrasse mit dunkler Dispersionsfarbe, da das Farbspray keine hohe Deckkraft besitzt – Untergründe, vor allem weiße, könnten durchscheinen. Nach dem Trocknen der Farbe kann es losgehen.
Man könnte jetzt auf die Idee kommen, das Gleisjoch sofort nach dem Farbauftrag in die noch feuchte Farbe zu legen. Das würde ja das Gleis gleich festkleben und ihm somit Halt geben. Doch das Effekt-Spray ist leicht zu verwischen, die weißen und schwarzen Bestandteile vermischen sich, womit der erwünschte Schotter-Effekt wieder verloren geht. Besser ist es, das Spray aufzutragen und dann trocknen zu lassen. Staubtrocken ist das Spray nach einer Stunde, völlig ausgehärtet nach einem Tag. Anschließend wird das Gleis aufgelegt und befestigt (annageln oder kleben).
Gegen eine richtig eingeschotterte Strecke kommt der Schotter aus der Spraydose optisch nicht an. Aber man kann mit ihm eine Menge Zeit sparen und ein optisch ansprechendes Ergebnis leicht und relativ preisgünstig erreichen. In späterer Zeit kann man die Strecke ja immer noch aufwendig beschottern, denn der Farbauftrag ist ja als gute, zudem wasserabweisende (wichtig beim Beschottern mit Weißleim-Wasser-Spülmittel-Gemisch) Basis auf der Trasse vorhanden.

3.1.2.3. Selbst gebaute Flexgleise
Was macht der Modellbauer, der ein Gleissystem mit Bettung verwendet, in dessen Sortiment Flexgleise, also Gleisstücke, die in beliebigem Radius zu biegen sind, nicht vorgesehen sind. Das betrifft in erster Linie das Märklin-C-Gleissystem (und damit auch das Trix-C-Gleis), lässt sich aber auch auf das inzwischen ja nicht mehr erhältliche M-Gleissystem anwenden. Es eignet sich natürlich auch für andere Systeme mit Bettungskörper; gleichwohl gehören Flexgleise zum Angebot z. B. des Fleischmann-Profi-Gleises und des inzwischen beim Hersteller auch nicht mehr erhältlichen Roco-Line-Gleises mit Bettung.

Flexgleise bei »starren« Gleissystemen

Flexible Radien sind nicht nur optisch schöner anzuschauen, sondern auch betriebstechnisch besser, ermöglichen sie doch weiche Übergangsbögen, um Entgleisungen durch abrupte Richtungswechsel zu verhindern. Bislang gibt es ja beim beliebten C-Gleis von Märklin noch kein Flexgleis. Ein befreundeter Modellbahner hat mir folgenden Umbau vorgeschlagen, um zu Flexgleisen zu kommen.

Empfohlen werden zwei verschiedene Gleisstücke als Ausgangsmaterial: Zum einen der Artikel 24912 (Gegenbogen zu den schlanken Weichen, Radius 1114,6 mm, Bogen 12,1°), wenn Radien zwischen 900 mm und 2000 mm gebogen werden sollen. Das Gleisstück 24236 (Gerade mit 236,1 mm Länge) ist zu nehmen, wenn man Radien über 2000 mm herstellen will.

Benötigt werden Lötkolben und Lötzinn, Mini-Bohrmaschine mit Trennscheibe, Bastelmesser, Stabilit-Kleber (fugenfüllender Kleber) und Schutzbrille (beim Trennen von Metall können sonst Metallschnipselchen ins Auge gelangen).

Im Prinzip werden der Bettungskörper und das Gleis mit Schnitten versehen, um so das ganze Gleisstück in den gewünschten Radius biegen zu können. Je enger der Radius werden soll, umso mehr Schnitte sind vorzusehen. Wie die Praxis gezeigt hat, genügen in der Regel zwischen drei und fünf Stück.

Nachdem man das Gleisstück umgedreht hat, werden die Schnittlinien angezeichnet. Wichtig ist, dass die Abstände zwischen den Schnitten (genannt a) – ganz egal, wie viele Schnitte man einbringen will – immer gleich groß sein müssen, um später ein gleichmäßiges Biegen zu ermöglichen. Diffe-

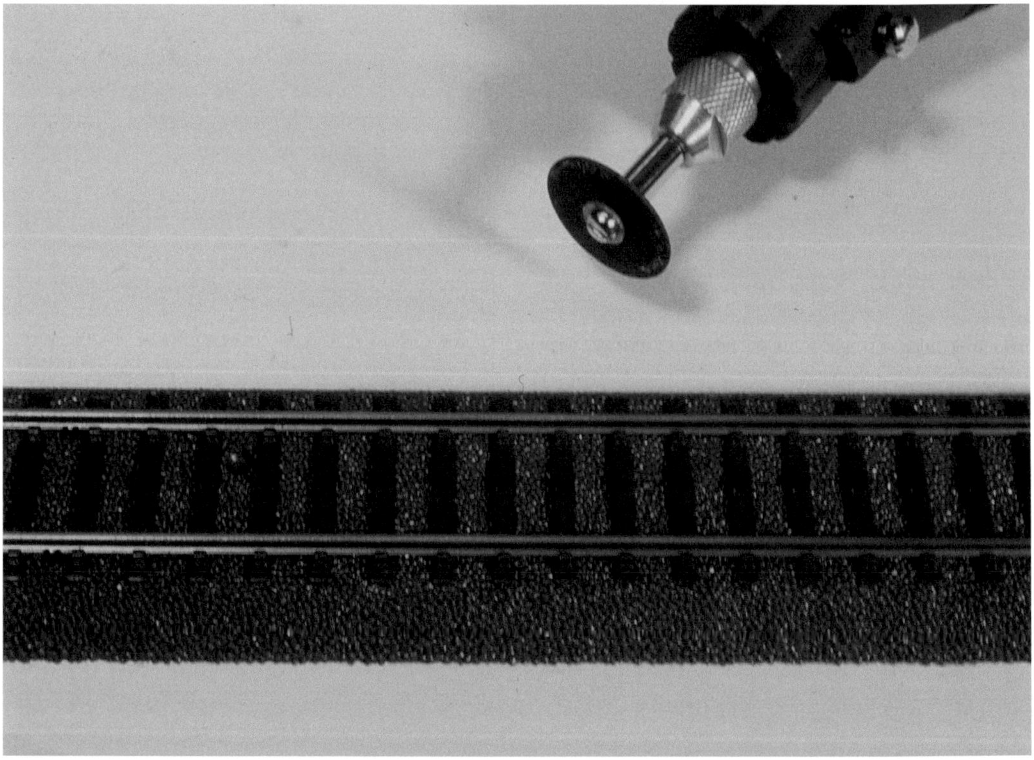

Ein Märklin-C-Gleis, mit dem ein individueller Radius verwirklicht werden soll. Eine kleine Bohrmaschine mit Trennscheibe ist empfehlenswert, aber nicht nötig, es geht auch mit einer Bastlersäge für Metall, wenn man sorgfältig und behutsam arbeitet.

rieren die Abstände, so kann es sein, dass das Gleis verschiedenen Radien folgend schließlich ein unharmonisches Bild ergibt. Lediglich die beiden äußeren Schnitte, also in der Nähe des linken und rechten Gleisstück-Endes, sollten mit dem doppelten Wert des üblichen Abstands (also 2 mal a) **zum Gleisstück-Ende hin** eingebracht werden. Warum? Dadurch wird verhindert, dass sich an der Stelle, an der zwei Gleisstücke ineinandergeschoben werden, durch eine wenig definierte Gleislage ein Knick im Gleisverlauf ergibt, der fahrtechnisch und optisch bedenklich wäre.

Die Schnitte sollte man aus optischen Gründen immer knapp neben einer »Schwelle« setzen. Wird das Gleisstück dann später gebogen, verschließt sich der Spalt durch das – freilich in Grenzen – elastische Kunststoffmaterial des Gleisstücks wie von selbst. Mit der Trennscheibe führt man dann den Schnitt von der Gleisstück-Unterseite her durch. Die Schnitte sollten von der Böschungsseite der Kurveninnenseite bis zur gegenüberliegenden Schiene verlaufen. Der gegenüberliegende Böschungskörper bleibt also erhalten. Allerdings wird der Mittelleiter durchtrennt.

Der Schnitt liegt neben einer Schwelle, um später optisch zurückzutreten.

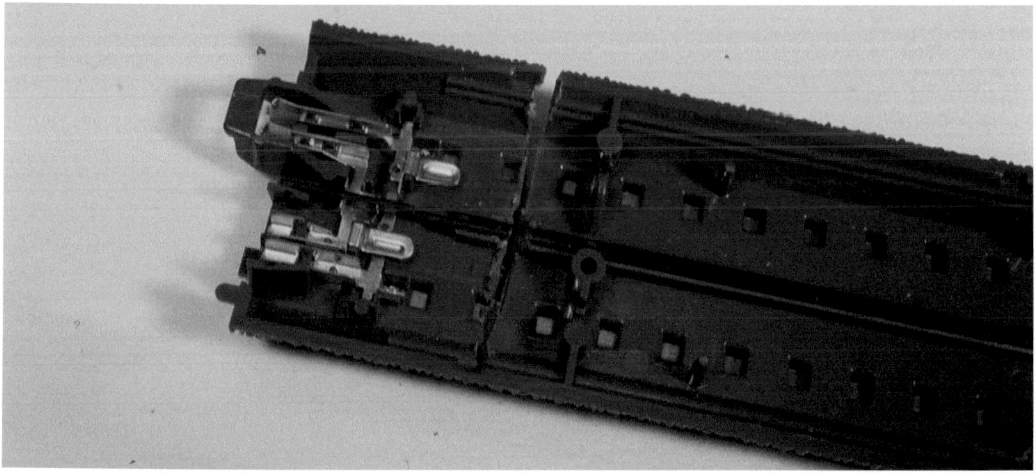

Das Gleisstück von der Unterseite her: Der Schnitt wird durch den Mittelleiter bis fast zum gegenüberliegenden Schienenprofil geführt. Es empfiehlt sich eine hohe Drehzahl des Bohrzwergs, weil Metall geschnitten wird. Das Kunststoffmaterial des Gleises schmilzt durch die Reibungshitze nur direkt an der Schnittkante, ein weiterer Schwund ist nicht zu befürchten.

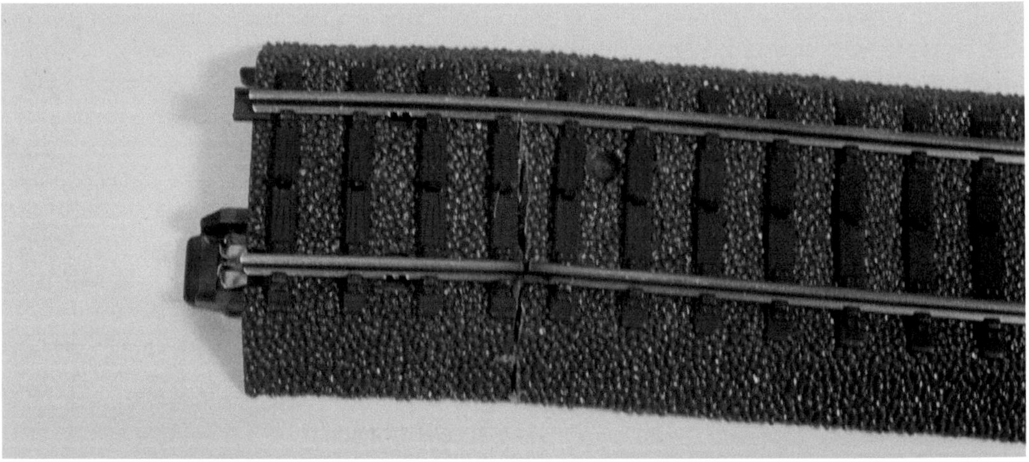

Nachdem der Gleiskörper mit Stabilit Express (oder einem ähnlichen Klebstoff) verbunden wurde, ist das C-Flexgleis fertig und einbaubereit. Im Gegensatz zur im Fließtext beschriebenen Methode wurde auf Schienenverbinder verzichtet, sie sind nicht unbedingt nötig, da das Profil ja fest verankert ist. Der Schnitt lässt sich mit etwas Schotter weiter kaschieren.

Dann wird die innenliegende Schiene ebenfalls durchtrennt, wodurch ein Spalt von etwa 1 mm Breite im Schienenstrang entsteht. Möglicherweise müssen diese Spalte – es wurden ja mehrere Schnitte in das Gleisstück eingebracht – aufgeweitet werden. Wie weit, hängt vom gewünschten Radius ab. Durch Probieren nähert man sich jetzt an den gewünschten Radius an.

Generell gilt: Je kleiner der Kurvenradius werden soll, desto größer muss der Spalt im Gleisstrang sein. Nach und nach trennt man eben noch etwas am Gleisstrang ab.

Nun gilt es, die getrennten Schienenstränge wieder zu verbinden. Hierfür findet ein Schienenverbinder des Gleissystems Verwendung. Es genügt ein halbierter Verbinder (Einspannen des ganzen Schienenverbinders und Durchtrennen mittels Trennscheibe).

Dann kann der Bettungskörper des Gleises in der gewünschten Krümmung fixiert werden. Mit Stabilit oder Uhu plus schnellfest wird der gekrümmte Bettungskörper verklebt. Die Klebung dann unbedingt gut aushärten lassen.

Abschließend gilt es noch, den durchtrennten Mittelleiter wieder zu verbinden. Der Mittelschleifer wird an den Trennstellen angeschliffen, um eine rauere und damit »verbindungsfähigere« Oberflächenbeschaffenheit zu erhalten. Z. B. kann man jetzt mit abisoliertem Draht, der an den Mittelleiter angelötet wird, die Verbindung wieder herstellen.

Der Vorteil ist, dass mit wenig Aufwand ein Gleis mit frei gewähltem Radius entstanden ist, das zudem durch die original erhaltenen Gleisübergänge wie ein gewöhnliches C-Gleis weiter verwendet werden kann.

3.1.3. Trassenbau

Damit genug zum Thema Gleisverlegung und –verschönerung. Wenden wir uns nun den Trassen und Gleiszwischenräumen zu. Wie sind sie einfach und schnell zu bauen bzw. zu gestalten?

3.1.3.1. Trassenbau mit Kapa-Mount-Platten

Bei der Suche nach Alternativen zum herkömmlichen Trassenbau mit Holz bin ich auf Kapa-Mount-Platten gestoßen. Kapa ist eine sogenannte Leichtstoffplatte mit pigmentierten Deckschichten. Es ist eigentlich für Grafi-

Eine Übersicht über die im Buch vorgestellten modernen Materialien: Oben und in der Mitte in Rosa bzw. Mintgrün Styrodur-Platten, ganz unten sind zwei Kapa-Mount-Platten (5- und 10-mm-Material) zu sehen. Gut zu erkennen ist der schichtweise Aufbau des recht stabilen Materials aus einer Lage Hartschaum, der von zwei Deckschichten umgeben ist. Allen gemeinsam ist ihre leichte Bearbeitbarkeit mit konventionellen Mitteln bei hoher Stabilität.

ker gedacht und eignet sich in erster Linie als Malgrund für Siebdruck-, Streich- und Spritztechniken mit allen handelsüblichen Farben und Lacken.

Kapa-Mount-Platten im Speziellen sind zudem sehr formstabil und »zeichnen sich durch eine ausgezeichnete Planlage« (O-Ton des Herstellers) aus. Das ist sehr wichtig, gerade für den Trassenbau einer schnell zu erstellenden Anlage. Schließlich will man nicht irgendwann einmal die Trassen erneuern müssen, weil sie sich unter der Last der Züge durchbiegen. Freilich muss man auch Kapa-Mount-Platten mittels Stützen aussteifen.

Die Deckschichten des Kapa-Mount-Materials sind durch eine dünne Aluminiumfolie verstärkt, die zum einen die Formstabilität garantiert und zum anderen die Platte feuchtigkeitsabweisend (und damit wiederum formstabil) macht. Diese Feuchtigkeitsunempfindlichkeit ist eine wichtige Eigenschaft: Man denke daran, dass man das Gleis schottern und fixieren will. Da kommt Kleber zum Einsatz und das Trassenbrett wird feucht. Was beim Holz oder Kork als Trassenplanum ein Absperren mittels Lack voraussetzt, um Feuchtigkeitsschäden zu vermeiden, kann beim Einsatz von Kapa-Mount-Platten also Zeit sparend unterbleiben.

Hinzu kommt, dass die Platten mit einem Bastelmesser einfach geschnitten werden können, da keine Säge wie etwa bei der Herstellung von Holztrassen benötigt wird. Man kann das Material ganz einfach mit herkömmlichen Klebern, z. B. dem schnellen Heißkleber, verarbeiten.

Die Kapa-Mount-Platten vereinen also eine Reihe der von uns Modellbahner sehr erwünschten Eigenschaften.

Kapa-Mount-Platten

Da ja kein Material vor dem Modellbahner sicher ist, wurden kurzerhand zwei Platten bestellt. Erhältlich ist Kapa bei Versendern und Händlern für Kreativbedarf. Eine Platte mit den Maßen 700 x 1000 mm kostet (ohne Versandkosten) knapp 16,- Euro. Interessant sind für uns die Materialstärken 3, 5 oder 10 mm.

Die folgende Tabelle verrät mehr über die Eigenschaften des Kapa-Mount-Materials:

Stärke in mm	Gewicht in g/m²	Format in mm
3	800	700 x 1000
3	800	1000 x 1400
5	870	700 x 1000
5	870	1000 x 1400
5	870	1400 x 3000
5	870	1530 x 3050
10	1070	700 x 1000
10	1070	1000 x 1400
10	1070	1400 x 1500
10	1070	1400 x 3000
10	1070	1530 x 3050

Übrigens, nur der Vollständigkeit sei hier erwähnt, dass es auch Trassenmaterial aus Holz fertig zu kaufen gibt. Beispielsweise in Form einer Gleiswendel haben z. B. Laggies (im Vertrieb von Noch) und Finster (Finster-Trassenmodultechnik, Birkenstrasse 83, 16352 Basdorf, Tel./Fax 033397/62178, www.finster-trassenmodultechnik.de) solche Trassen im Angebot. Finster bietet auch Einzelteile für normale Trassen an. Warum hier nicht näher auf Fertigsysteme eingegangen werden soll, wurde weiter oben bereits erklärt.

3.1.3.2. Auffüllen von Gleiszwischenräumen

Wer mit Bettungsgleis (z. B. Märklin C oder Roco Line bzw. geoLine) baut, stößt früher oder später auf das »Problem«, dass ein Bahnhof mit Bettungsgleis optisch nicht unbedingt befriedigt. Grund: Beim Vorbild liegen die Gleise im Bahnhof nicht auf einem deutlich wahrnehmbaren Schotterbett oder auf einem Damm wie z. B. auf freier Strecke, sondern treten aus dem umgebendem Planum zwar hervor, aber es gibt keine klar erkennbaren Gleiszwischenräume.

Das heißt also in letzter Konsequenz, dass die Gleiszwischenräume beim Bettungsgleis aufgefüllt werden müssen. Dafür gibt es viele Rezepte. Im Rahmen der Zielsetzung des Buches scheiden alle Zeit raubenden Verfahren aus.

In der Praxis hat sich folgendes allerdings auch mit Nachteilen behaftete Verfahren bewährt: Am einfachsten wird Schottermaterial aufgefüllt und mit Klebstoff verfestigt. Nachteil: Der Modellschotter ist nicht günstig zu erwerben, zudem wird ganz schön viel benötigt. Nachteilig ist es auch, wenn Umbauten anstehen, der Schotter muss dann erst entfernt werden, was mitunter mühselig ist. Durch das Festkleben des Schotters wird das Bettungsgleis zwar nicht beschädigt, aber wie neu ist es eben auch nicht mehr. Zudem krümeln die Schotterkörnchen überall herum.

Trittschalldämmung

Daher ist ein anderes Verfahren besser. Hier werden die Zwischenräume mit Trittschalldämmungsmaterial aufgefüllt. Nur die oberste Schicht des Gleiszwischenraums erhält dann noch ggf. einen Schotterauftrag oder es wird Erde, Gras bzw. Kies imitiert. Vorteil: Das Gleis wird – zumindest im Bahnhofsbe-

reich – so gut wie nicht mit Klebstoff verunreinigt, Umbauten sind einfacher möglich.
Das mintgrüne, aber auch hellblaue Material gibt es als »Trittschalldämmung für Laminat« im Baumarkt. Dabei handelt es sich um ein Hartschaummaterial mit auf der einen Seite glatter und auf der anderen Seite gerillter Oberfläche.
Damit lässt sich der Zwischenraum auffüllen und Schotter einfach darauf kleben. Aber erst nachdem die Oberfläche aus optischen Gründen dunkel gestrichen worden ist, denn vielleicht blinkt sonst der mintgrüne Hartschaum zwischen den Schotterkörnchen durch!
So mancher denkt jetzt: »Alles schön und gut, aber wie gelingt der rationelle Zuschnitt? Und vor allem: Die Bettungen sind doch angeschrägt, wie soll denn da ein passender Zuschnitt gelingen?«

Bettungsschneidemesser

Um die Zwischenräume aufzufüllen, werden die Gleis- und Weichenverbindungen auf die Trittschalldämmung aufgelegt. Am besten geschieht das in kleineren Abschnitten, um nicht durch zu großzügiges Auslegen und Zuschneiden viel zu viel Schnittabfall zu erhalten.
Mit einem Stift (am besten Kuli oder Filzstift) werden dann die äußeren Bettungskanten auf die Trittschalldämmung übertragen. Und wieder gibt es Widerspruch: »Gut, aber wenn man das jetzt entlang der aufgezeichneten Kante ausschneidet, wird doch der den Gleiszwischenraum auffüllende Einsatz viel zu schmal und die Bettungsschräge wird damit auch nicht berücksichtigt!«
Das ist richtig, aber wir sind ja noch gar nicht soweit zu schneiden. Zuvor fertigt man sich nämlich ein »Bettungsschneidemesser« an. Gewiss, es mag Künstler unter den Modellbahnern geben, die eine Bettungsschräge einfach per Hand genau hinkriegen. Aber es gibt eben auch Modellbahnkollegen, die das nicht können. Und für die ist ein solches Messer gedacht.
Was braucht man? Ein Holzklötzchen und eine Ersatzklinge eines Teppichmessers sowie zwei kleine Schräubchen. Zunächst wird das Holzklötzchen im gleichen Winkel wie die Bettung des Gleissystems abgeschrägt. Wer eine Tischkreissäge mit Winkeleinstellung hat, ist fein raus. Andere mühen sich etwas

Das Holzklötzchen wird abgelängt, der Routinierte macht das ohne Lade. Ansonsten ist der Einsatz einer solchen Lehre, die 45- und 90-Grad-Schnitte vereinfacht empfohlen.

Der richtige Winkel für die Teppichmesser-Klinge ist ggf. erst durch Probieren zu ermitteln.

Nun kann man an der Trittschalldämmung entlangfahrend einen Schnitt im richtigen Winkel ausführen.

Das Ergebnis ist eine Zwischenraumauffüllung mit korrektem Winkel. Man kann auf die beschriebene Weise auch mehrere Lagen, je nach gewünschter Höhe der Auffüllung, rasch und vor allem genau herstellen. In gebogen verlaufenden Abschnitten lässt sich das Messer nicht einsetzen, dort muss man noch »Pi mal Daumen« arbeiten.

mehr: Man kennzeichnet das zu entfernende Material und hält den Klotz im entsprechenden Winkel z. B. an eine Tellerschleifmaschine oder aber sägt das Klötzchen per Hand zurecht, mit Schleifpapier glättet man dann abschließend die Oberfläche.
Die Teppichmesser-Ersatzklinge wird dann wie im Foto zu sehen mit den beiden erwähnten Schräubchen so auf dem Klötzchen befestigt, dass mit ihr behutsam und sorgfältig an der aufgezeichneten Linie der Trittschalldämmung entlangfahrend ein schräger Schnitt gelingt. In der Praxis hat sich ein Überstand der Klinge von etwa 6 mm bewährt. Vorversuche an Abfallstücken sind in jedem Fall zweckmäßig. Übrigens: Geschnitten wird nicht genau auf der eingezeichneten Linie, sondern etwa 3 mm von der aufgezeichneten Linie entfernt, dann ist der Zwischenraumeinsatz ausreichend breit.

3.1.4. Weichenantrieb

Im Rahmen des Themas dürften auch Alternativen zu der herkömmlichen Betätigungsweise von Weichen interessant sein. Üblicherweise nutzt man dafür ja den werksseitig angebauten Handschalthebel (günstigste Ausführung) oder aber elektromagnetische bzw. motorische Antriebe (kann bei Verwendung exklusiver Antriebe recht teuer werden).
Werden solche Weichen- bzw. Signalantriebe bei Gleissystemen ohne Bettung oberflur eingesetzt, sind sie bei etwaigen Defekten oder Funktionsstörungen mehr oder weniger leicht erreich- und reparierbar. Allerdings beeinträchtigen sie mehr oder weniger das Erscheinungsbild der Weichenstraße.

3.1.4.1. Unterflurantrieb selbstgebaut

Eine interessante Alternative stellt daher ein selbstgebauter Unterflurantrieb dar. Diese Maßnahme ist interessant für diejenigen, die kleinere Bahnhöfe bauen wollen. Denn der Zeitaufwand ist – vor allem durch die Justierung – natürlich etwas größer als beim Anstecken eines vorgefertigten Industrieantriebes. Dafür ist er preisgünstiger und nahezu unverwüstlich.
Was zeichnet einen guten Weichenantrieb (Signalantrieb) aus? Er sollte einfach zu bedienen sein und natürlich muss er zuverlässig schalten, dabei die Weichenzungen fest in den jeweiligen Endlagen halten, um Entgleisungen zu verhindern; beim Einsatz im Gleichstrom-System sollte er auch eine sichere Polarisierung der Weichenherzstücke ermöglichen.
Im Prinzip finden beim hier vorgestellten mechanischen Schaltsystem Metallstangen und -winkel sowie Schalter aus dem Elektrobedarf und Stelldraht Verwendung. Mittels den unter der Anlagengrundplatte installierten Metallstangen und dem Schalter als Merkglied wird der Stellvorgang ausgeführt und die Stellkraft wird mittels Federdraht – immer von unten – auf die Weichen-Stellschwelle übertragen, insofern also eine konventionelle Lösung.
Voraussetzung ist aber, dass die Anlage auf einem stabilen Unterbau ruht, denn die mechanischen Bauteile benötigen eine feste Auflage. Daher scheidet ihr Einsatz bei einem Hartschaum-Untergrund aus, denn geschraubte Verbindungen halten dort wohl kaum.
Es sind mir Versuche bekannt, bei denen Metallhülsen mit Innengewinde in den Hartschaum geklebt wurden. Dort hinein konnten prinzipiell Befestigungsschrauben gedreht und damit eine hohe Festigkeit angeschraubter Befestigungs- bzw. Anbauteile erreicht werden. Langzeiterfahrungen damit liegen aber noch nicht vor und daher sollte ein fester Unterbau Voraussetzung für die im Folgenden beschriebene mechanische Weichenstellung sein.

Funktionsprinzip

Damit genug der Vorüberlegungen. Was benötigt man und wie soll das Ganze funktionieren?
Als Betätigungsgestänge empfiehlt sich die Verwendung von Messingrohr (hohl, Durchmesser ca. 5 mm, gibt es im Baumarkt oder

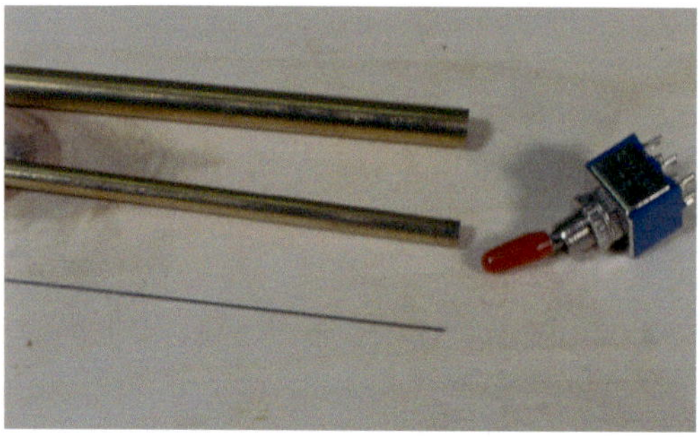

Für den selbstgebauten Unterflur-Weichenantrieb finden Messingrohr und Schalter (1 x um) Verwendung. Beides gibt es im Elektronikversand, z. B. Conrad.

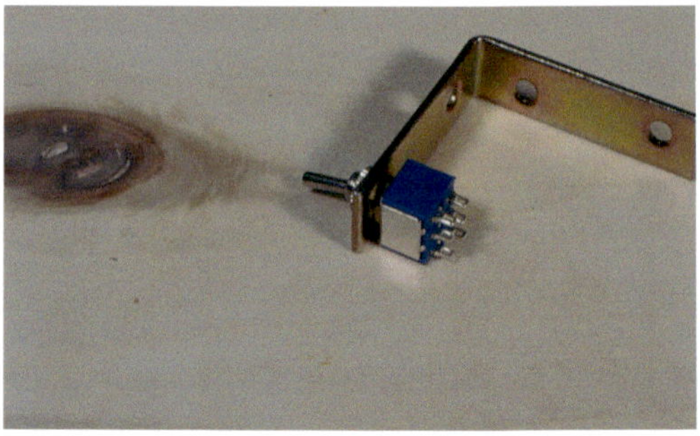

Mit einem einfachen und im Dutzend günstig erwerbbaren Metallwinkel aus dem Baumarkt lässt sich der Kippschalter unter der Anlage befestigen.

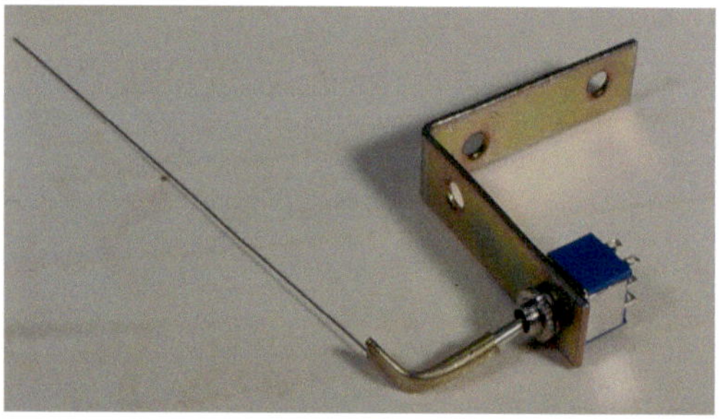

Über den Schaltknebel wird ein Stückchen passendes, zuvor abgewinkeltes (90 Grad) Messingrohr gestülpt und festgeklebt. Der Stelldraht wird dann in das abgewinkelte Messingrohr eingeklebt. Für die Klebungen empfiehlt sich die Verwendung von Zweikomponentenkleber.

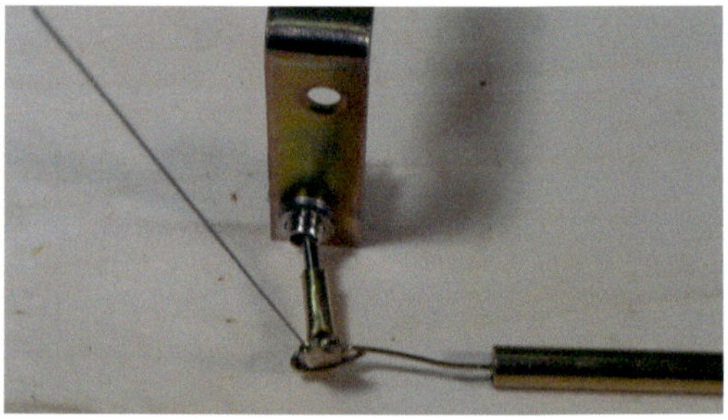

Um das Messingrohr wird die Schlinge eines zuvor im Stellgestänge befestigten Messingdrahts (nur dieses Material ist ausreichend steif) gelegt und festgelötet.

bei Versendern von Bastelbedarf), das ausreichende Steifigkeit besitzt. Denn die Betätigung erfolgt auf Druck wie auf Zug. Alustangen z. B. verfügen nicht über die notwendige Steifigkeit und würden abknicken.

Das Messingrohr überträgt die Stellkraft auf ein Merkglied. Als solch ein Merkglied fungiert ein Kippschalter mit Umschaltfunktion (1 x um). Dessen Schaltknebel besitzt genügend Kraft, um einen daran angebauten und in die Weichenstellschwelle greifenden Federstahldraht (Durchmesser ca. 0,3 mm, Länge nach Erfordernis) in den jeweiligen Endlagen zu halten.

Zugleich übernimmt dieser Kippschalter (erhältlich im Elektronikladen oder bei Elektronikversendern) beim Einsatz in Gleichstromumgebung die Polarisierung des Weichenherzstücks. Er lässt sich z. B. mittels kleinen Winkeln unter der Anlage befestigen, wie in der Bildfolge zu sehen.

Je nach Platz und Einbauerfordernissen werden Stellgestänge und Knebel verbunden. Das könnte direkt (z. B. taucht der Knebel in ein Messingrohr ein und wird durch das Gestänge hin- und hergeführt) oder durch Löten (am einen Ende des Messingrohrs wird ein dünnerer Messingdraht befestigt und in Form einer Schlinge um den Knebel gelegt und festgelötet) erfolgen oder aber Gestänge und Knebel werden mittels Klebung (nicht unbedingt empfehlenswert) verbunden.

Nun gilt es noch, den Federstahldraht am Knebel zu befestigen. In der Praxis hat sich folgendes Vorgehen bewährt: Der Knebel erhält ein Stückchen Messingrohr im passenden Durchmesser (also so, dass es gerade so über den Knebel passt) übergestülpt, mit Zweikomponentenkleber (z. B. Stabilit) lässt es sich festkleben. Und in diese so entstandene Hülse wird der Federstahldraht eingeklebt – wiederum mit Zweikomponentenkleber. Fertig!

Zusammenbau

Das ist das Prinzip. Nun zum praktischen Einbau. Am Anfang steht – oder besser liegt – die Weiche. Ihre Stellschwelle besitzt eine Bohrung, durch die der Stelldraht von unten greift und die Schwelle und damit die Weichenzunge bewegt.

Zunächst wird mit einem im Durchmesser passenden Bohrer ein Langloch in das Trassenbrett oder die Grundplatte des Bahnhofs, in dem die Weiche liegt, gebohrt. Die Stellschwelle wird dazu zum linken Anschlag geführt und ein Loch angekörnt, dann zum rechten Anschlag gebracht, wo sich die Prozedur wiederholt. Nach dem Abnehmen der Weiche werden die Löcher gebohrt und die Öffnung zum Langloch mittels feiner Feilen aufgeweitet. Niemals zum Bohren des Lochs durch die Stellschwelle bohren wollen, der Kunststoff ist recht weich und ruckzuck ist die Stellschwelle unbrauchbar!

Damit ist die Bohrung festgelegt. Die folgenden Arbeiten finden nun unter der Anlage bzw. dem Trassenbrett statt. Daher ist es günstig, wenn für diese Arbeiten die Anlage gekippt oder aber das Brett zumindest senkrecht gestellt werden kann, um angenehmeres Arbeiten zu ermöglichen. Aber natürlich geht das auch im Liegen, das ist aber entschieden unbequemer.

Der Stelldraht wird dann, wie oben beschrieben, mit dem Knebel des Schalters verbunden. Ehe das ganze Merkglied mittels Winkeln so befestigt wird, dass das Erreichen der Weichenzungen-Endlagen gewährleistet ist (da hilft nur Ausprobieren), muss noch das Schaltgestänge mit dem Schalter eingepasst werden. Diese Verbindung ist von der Entfernung des Merkglieds vom Anlagenrand abhängig, denn dort betätigt ja der Modellbahner seine Weichen und Signale. Zu empfehlen ist, das durch Bohrungen am Anlagenrand geführte Gestänge mittels Messingdraht mit dem Knebel zu verbinden.

Dann kann der Schalter (mit dem eingeklebten Stelldraht) mittels Winkel befestigt werden. Abschließend erfolgt der Anschluss des Schalters zur Polarisierung.

Man könnte die Bedienung des Schaltgestänges noch erleichtern, indem am Messingrohrende auf der Bedienerseite z. B. handliche Bedienungsknöpfe (z. B. Griffe aus dem Möbelbedarf oder farbige Holzkugeln aus dem Bastelbedarf) befestigt werden. Die Griffe lassen sich am besten mittels Zweikomponentenkleber fixieren.

Generell lässt sich dieses Prinzip der mechanischen Fernsteuerung auch auf weitere Bereiche der Modellbahn anwenden. Genannt sei z. B. das Öffnen und Schließen von Schranken bei Bahnübergängen oder bei Entkupplungsgleisen. Auch der Einsatz zur Bewegung von Figuren ist denkbar, z. B. ein Zugführer gibt den Abfahrtauftrag oder ein Bauarbeiter schwingt die Schaufel.

Der am Winkel befestigte Schalter wird eingebaut. Zu erkennen ist der Stelldraht, der durch eine Bohrung zur Stellschwelle der Weiche führt. Der Schalter muss noch angeschlossen werden. Zugegeben, der Einbau ist eine Fummelei, aber der Antrieb ist robust und hält im Prinzip ein Modellbahnerleben lang.

4. Landschaftsbau

Nachdem die Gleise verlegt sind, wenden wir uns nun der Modelllandschaft zu. Es gibt viele Methoden, eine Modelllandschaft zu gestalten. Im Hinblick auf die Themenstellung – schnelle und preisgünstige Anlage – habe ich eine Auswahl an Bautechniken getroffen, die nach meiner Meinung gute Ergebnisse liefern.

Natürlich kann man auch beim Landschaftsbau eine Menge Geld sparen, wenn man ein wenig Phantasie walten lässt und auf einfache, haushaltsübliche Hilfsmittel zurückgreift. Neben dem Universal-Baustoff Styropor für die Felsbrocken wurde für die Felswand Styrodur geschnitzt und mit Farbe überzogen. Eine Granierung mit ganz wenig Weiß ergibt die schönen Strukturen. Auch die Basis der Ortschaft im Hintergrund besteht aus einer Stroporplatte, die einst als Verpackung einen Computer schützte.

4.1. Geländebau mit Papier und Weißleim

Angesichts heutiger moderner Verfahren und Materialien sind ältere Geländebau-Methoden in Vergessenheit geraten. Eigentlich schade! Denn mit konventionellen Mitteln, die im Haushalt lagern, kann man ebenso erfolgreich sein und zudem noch Geld sparen. Im Hinblick auf unsere Themensetzung möchte ich eine in der Praxis vielmals erprobte, wenig aufwendige und in jeder Hinsicht preiswerte Methode vorschlagen. Hinweis vorab: Ehe mit dem Geländebau begonnen wird, müssen Gleistrassen, Gleisbau und Verdrahtung der Anlage abgeschlossen sein, da man hinterher nicht mehr unbedingt überall hinkommt bzw. weil man ohne Beschädigung des Geländes keine Reparaturen bzw. Korrekturen ausführen kann. Das beinhaltet aus ausgiebige Probefahrten, um Schwachstellen in der Gleislage auf die Spur zu kommen.

4.1.1. Zeitungsstreifen als Geländehaut

Gesetzt den Fall, alles Fahrtechnische ist zur Zufriedenheit erledigt. Dann geht es endlich ans Geländebauen. Man fertigt die Grundplatten für die Gebäude an und bringt sie in unserem Winkelträger-Unterbau neben den Trassen mit den Gleisen an. Es ist z. B. möglich, ganz einfach ein Hölzchen in der gewünschten Höhe an einen der Querträger zu leimen und darauf die Grundplatte für das Gebäude nebst der vorgesehenen Umgebung zu setzen. Als Material für die Grundplatte eignet sich Holz, es bieten sich aber wegen

Geländebau mit einfachen Materialien: Gips und Wasserfarben, selbstgemachtes Geländestreu sowie Stücke eines alten grünen Teppichs (rechts oben), die noch als Baumbeflockung gute Dienste leisten (wie weiter unten gezeigt werden wird).

Mit einfachen Papierstreifen entsteht eine Geländehaut. Zur Unterstützung werden z. B. Ballen aus Zeitungspapier unterlegt. Die Streifen werden mit Weißleim satt eingestrichen und nach kurzer Trocknungszeit bilden sie in mehreren Lagen aufgebaut eine stabile Fläche.

der Gewichtsersparnis und der leichten Bearbeitbarkeit auch Styrodur, Styropor oder Kapa an.

Wer seinen Anlagengrundrahmen mit einem Abschlussbrett (siehe Kapitel 2, zum Unterbau) versehen hat, kann auch dieses in die Geländegestaltung als Stütze miteinbeziehen.

Mit einfachen Zeitungsstreifen (Breite zwischen 2 und 5 cm) werden die Grundflächen und Trassen sowie weitere Profilkanten verbunden. Dazu wird das Papier mit Holzleim bestrichen und in einem Abstand von etwa 2 cm zueinander aufgeklebt. Dabei achtet man auf die gewünschte Geländeform, dellt also Talungen ein und stellt leichte Hügel durch Stützen unter den Papierstreifen her, freilich bevor das Papier darüber geklebt wird.

4.1.1.1. Landschaftsgitter

Nach dem Durchtrocknen – bei Verwendung von Expressleim kann das schon nach 20 Minuten der Fall sein, konventioneller Leim benötigt unter Umständen mehr als zwei Stunden – werden weitere Papierstreifen aufgeklebt, nun aber quer zur vorigen Lage. Dann diagonal darüber etc. So entsteht mit der Zeit ein gitterartiges Papiergewebe, am Schluss sollte eine geschlossene Fläche entstanden sein. Dabei müssten mindestens drei Lagen Papier aufeinanderkleben, um eine widerstandsfähige und relativ belastbare Oberfläche zu bilden.

Talungen bzw. Senken entstehen mithilfe eines Bastelmessers: In das Papiergewebe wird ein halbmondförmiger Schnitt eingebracht. Der eingeschnittene Teil lässt sich dann etwas hinabdrücken und bildet die

Senke; das entstandene Loch in der Geländehaut wird dann mit Papierstreifen kreuzweise überklebt.

Exponierte Hügel oder Kuppen bildet man mit Pappe nach. Sie wird in gut 2 cm breite Streifen geschnitten und diese werden an der vorgesehenen Stelle gitterartig aufgeklebt oder angetackert. Dabei wölbt man den vorgesehenen Hügel auf und unterfüttert ihn mittels Holz- oder Styrodurstütze. Natürlich können in dieser Bauphase bereits Stryoporklötzchen als Felsimitate »eingemauert« werden. Weitere Kuppen können mit Papierknäuel nachgebildet werden. Sie werden in die entstehende Landschaft eingelegt und mit Papierstreifen kreuzweise überklebt.

Danach erfolgen mehrere Überzüge aus Papier in der beschriebenen Methode. Lücken in der Geländeformation, etwa wo Tunnel angeschlossen werden sollen, verschließt man mit Gips. Damit ist die grobe Landschaftsgestaltung abgeschlossen und die Landschaftskonturen liegen vor uns.

Damit wird auch gleich der große Vorteil dieser Baumethode, von den geringen Kosten einmal abgesehen, erkennbar: Veränderungen sind durch Einlegen von Papierknäueln oder Ausschneiden neuer Senken sehr leicht anzubringen und mit dem kreuzweisen Überkleben neuer Papierschichten zu kaschieren.

4.1.1.2. Felsen

Felsformationen werden als nächstes angelegt (Wie man Felsen aus Abgussformen gewinnt, wird weiter unten beschrieben). Natürlich kann man bei dieser Geländebaumethode keine schweren Felsen aus Stein oder Gips verwenden, diese Brocken sind etwas für Gipslandschaften.

Da die mit Papier beklebte Fläche ja von Haus aus sehr glatt ist, tut man sich mit der Strukturierung von Felswänden schwer. Daher verwendet man wie erwähnt Styroporbrocken, die in die Landschaft eingegipst werden. Wie im Abschnitt »Felsenbau« weiter unten beschrieben, erhalten die Styroporbrocken einen Gipsüberzug, in den dann mit Spachtel oder anderem Werkzeug Strukturen eingearbeitet werden (vgl. die Methode im genannten Abschnitt). Abschließend erfolgt die Farbgebung der Felsen.

4.1.1.3. Erde und Streu

Inzwischen sind die Papierformationen getrocknet, die Landschaft zur weiteren Ge-

Nun erfolgt der Auftrag mit erdbrauner Dispersionsfarbe. Nach dem Trocknen ist eine durchaus stabile Landschaftshaut entstanden, die eine gute Basis für die weitere Gestaltung bietet.

staltung bereit. Nun erhält die gesamte Geländeformation einen satten Überzug aus brauner Dispersionsfarbe. Darauf werden sofort die in Frage kommenden Streumaterialien (z. B. aus eigener Herstellung, siehe S. 68 ff, natürlich auch käuflich erworbenen Materialien) aufgestreut. Die satt aufgetragene Farbe besitzt genügend Substanz das Streumaterial zu binden.

Natürlich kann man auch erst einmal die Farbe trocknen lassen und dann in einem weiteren Arbeitsgang satt mit Weißleim den Boden einstreichen und erst danach streuen. Dabei streicht man eine Fläche von etwa 20 x 20 cm ein, nicht mehr, da Leim an der Oberfläche rasch eine Haut bildet und die Streufasern dann nicht mehr bindet.

Welcher Methode man den Vorzug gibt, ist Geschmackssache. Zeit sparend ist das sofortige Einstreuen in frische Farbe.

Maximen dabei sind natürlich die Vermeidung jeglicher Regelmäßigkeit und die Verwendung gedämpfter Farbtöne. Von Vorteil ist es auch, unterschiedliche Körnungen aufzustreuen, das imitiert abwechslungsreichen Bodenbewuchs.

Wie bereits bei der Herstellung des Streumaterials erwähnt (siehe S. 69 f): Den Streu nicht vorab mischen, denn das führt zu einem uniformen Erscheinungsbild.

Damit ist eine sehr, sehr preisgünstige Landschaftsbasis auf einfache Art und Weise entstanden, und schnell ging es auch noch. Sie ist erstaunlich stabil, dabei von nur geringem Gewicht.

4.1.2. Alternative Methoden

Zur Gestaltung der Geländeoberfläche gibt es viele Methoden, aufwendige und auch

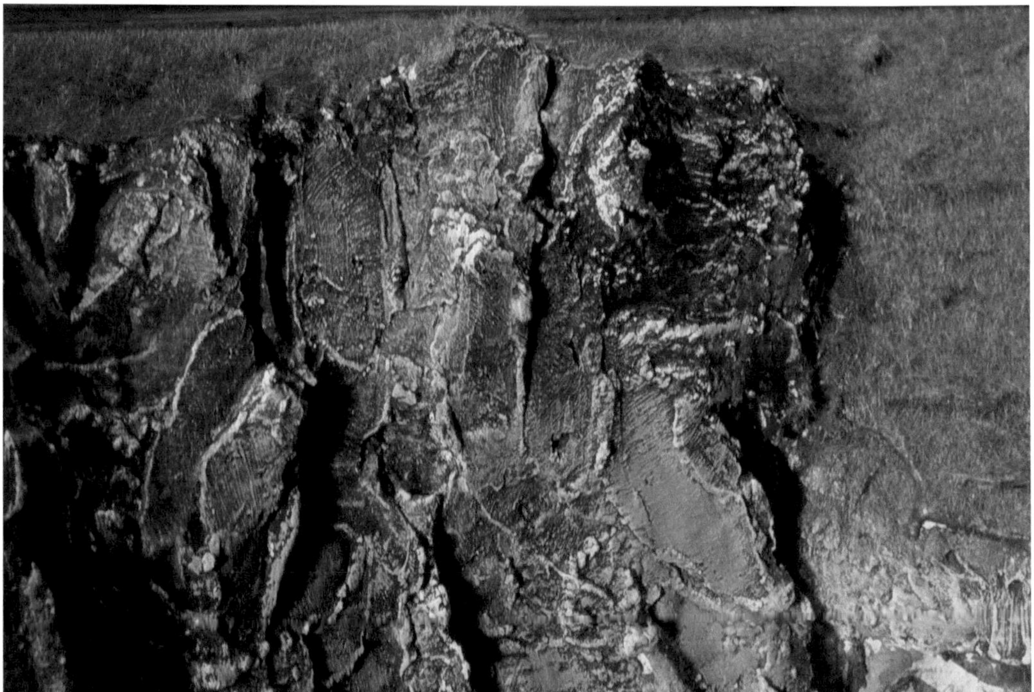

Hier wurden Gipsbinden auf Fliegengitter gelegt und darauf – nach dem Trocknen – Gips aufgespachtelt. In die langsam erstarrende Masse wurden mit allerlei Werkzeugen (Spatel, Schraubendreher, Stemmeisen etc.) Strukturen eingebracht. Die Farbgebung (dazu unten mehr) rundet die Felswand dann ab.

teurere. Am bekanntesten und daher gern auch »klassisch« genannt, dürfte die Fliegengittermethode sein. Das Metallgitter wird über die Anlage gespannt, mit Tackern oder per Heißkleber an Fixpunkten befestigt und anschließend mit Gipsbinden belegt.
Das ist relativ einfach zu bewerkstelligen, die Zubehörindustrie bietet hierfür vom Gittergewebe bis zu Gipsbinden die Ingredienzien in großer Vielfalt an. Wie erwähnt, lässt sich über die Kosten trefflich streiten. Das soll nicht Gegenstand der Diskussion sein.
Hobbykollegen berichten auch bei diesen Gegenständen von z. T. langen Lieferzeiten, Händler vor Ort haben nicht immer alles vorrätig. Dass das so ist, wurde bereits weiter oben erörtert.
Unser Ziel ist es ja mit Dingen des Haushalts bzw. vergleichsweise schnell zu beschaffende Materialien rasch gute Ergebnisse zu erzielen. Kostengünstiger gestalten ließe sich die Fliegengittermethode durch Verwendung von Kunststoffgittern, die es auch im Baumarkt gibt. Nachteilig bei dieser Lösung ist die Tatsache, dass ein Kunststoffgitter weniger Eigensteifigkeit mitbringt, sich die künftige Landschaft also weniger plastisch vorprägen lässt als bei Verwendung des teureren Metallgitters.
Dieser Nachteil lässt sich aber leicht umgehen: Man muss einfach mehr Unterstützungspunkte vorsehen, die künftige Landschaft also an vielen Stellen durch Stützen (am besten aus Holz, aber auch »Styropor- oder Styrodurtürmchen« sind möglich) befestigen.

4.1.2.1. Gipsbinden selbstgemacht

Ist die Geländehaut fixiert, geht es an das Belegen der künftigen Felder und Fluren mit Gipsbinden, wie sie im Zubehörhandel oder im medizinischen Heilmittelhandel (zum Fixieren gebrochener Knochen) erhältlich sind. Aber auch da lässt sich ein bisschen sparen. Wer es unbedingt stabil haben will oder aber auf Transportabilität der Anlage verzichten kann, wem es also nicht auf Gewichtsersparnis ankommt, der setzt selbstgemachte Gipsbinden ein. Alles was man braucht, sind alte Zeitungen (es dürfen auch aktuelle sein), Gips, zwei breite Pinsel, ein Behältnis für den angerührten Gips, einen Eimer Wasser, eine stabile Arbeitsunterlage und Gummihandschuhe.
Zunächst reißt oder schneidet man Zeitungsseiten in etwa 20 x 20 cm große Fetzen. Das exakte Maß ist nicht so wichtig, nur handlich sollten die Teile sein. Dann rührt man Gips nach Vorschrift an. Seine Konsistenz sollte suppig, aber nicht allzu fest sein. Dann legt man sich das erste Blatt Papier auf der stabilen Unterlage (z. B. beschichtetes Holz) zurecht und trägt mit dem breiten Pinsel Gips auf. Es genügt eine dünne Schicht.
Mit den behandschuhten Händen nimmt man die selbst gefertigte »Gipsbinde« auf und platziert sie im Gelände. Mit dem zweiten Pinsel wird die Binde glattgestrichen. Dann wird die nächste so aufgelegt, dass sie sich mit der ersten Gipsbinde an den Rändern so etwa zwei Zentimeter überlappt.
Nach und nach überzieht man so die ganze Anlage mit den selbst hergestellten Gipsbinden. Es empfiehlt sich eine Schicht von zwei oder drei Lagen aufzubringen, um genügend Stabilität zu erhalten. Da man nicht zu warten braucht, bis die unterste Lage durchgetrocknet ist, kann man schnell arbeiten und einen raschen Arbeitsfortschritt erzielen. Dann aber sollte das Ganze gut durchtrocknen, was aber meist keinen ganzen Tag dauert.
Es versteht sich von selbst, dass man die Arbeitsumgebung und die z. B. mit Gleisen belegte Anlagenteile gut abdeckt, um nicht alles mit dem dünnflüssigen Gips vollzuklecksen. Die Handschuhe reinigt man ebenso wie die Pinsel und die Arbeitsunterlage zwischendurch mit Wasser, denn sonst härtet der Gips im Pinsel wie auf Handschuhen und Unterlage aus und macht sie unbrauchbar.
Nach dem Aushärten besitzt man eine stabile Landschaftshaut, die leicht mit z. B. Dispersions- oder Wasserfarben und Streumaterialien weiter bearbeitet werden kann.
Nochmals erwähnen will ich folgenden Um-

Diese Felswand wurde wie weiter oben beschrieben modelliert, dann aber statt mit Dispersionsfarbe mit Wasserfarben nass in nass koloriert. Gute Ergebnisse erhält man nach einigem Ausprobieren, aber Wasserfarben sind ein preisgünstiges, leicht einsetzbares Mittel, um im Hinblick auf die Optik brauchbare Felswände zu erhalten. Immer daran denken: Wasserfarben werden beim Trocknen heller, der einem ersten Eindruck nach zu dunkel wirkende Farbauftrag wirkt nach dem Trocknen vielleicht sogar wie gewünscht.

stand: Ein Nachteil der Fliegengittermethode bzw. Gipsbinden (einerlei ob gekaufte oder selbstgemachte) aber bleibt. Eine solchermaßen hergestellte Landschaft wird, wie erwähnt, recht schwer. Das ist entscheidend, wenn die Anlage transportiert werden soll bzw. muss. Daher gilt die Suche Gewicht sparenden Alternativen.

4.1.2.2. Gewichtsparendes

Seit einigen Jahren gibt es bereits das zuvor erwähnte Terra-Form-System von Noch. Funktionale Elemente sind Holzstreben und Krepppapier. Die Holzstreben werden in höchst flexibler Weise untereinander durch Kunststoffkupplungen verbunden und ergeben ein stabiles Landschaftsgerüst. Darauf wird dann Krepppapier gespannt und mit Klebstoff befestigt. Die Stabilität ist erstaunlich, die Gewichtsersparnis auch. Mit Hartschaumfelsen z. B. aus dem Noch-Sortiment kann man dann die Landschaft komplettieren.

Hartschaum

Freilich lässt sich auf diese Weise auch aus Styropor eine dann noch preisgünstigere Landschaft vorformen. Aber die krümelige Konsistenz des Styropormaterials verursacht großen Ärger: Zwar lässt sie sich leicht bearbeiten, aber die Fitzelchen abgeraspelten Materials laden sich während der Bearbeitung elektrostatisch auf, verteilen sich überall und haften dann auf allen Oberflächen und der Kleidung derart fest, dass man mit dem Staubsauger anrücken muss. Gut, wer einen Werkraum sein Eigen nennen kann, wo die Sauerei keinen großen Ärger anrichtet. Im Raum, in dem die Modellbahn zu stehen kommen soll, ist von derartigen Styropororgien dringend abzuraten.

Drahtpapier

Noch bietet seit einiger Zeit eine Art »Drahtpapier« an. Das ist ein Metallgittergewebe, das von einer Art Packpapier umschlossen ist und sich dreidimensional formen lässt. Vorteil: Man kann es leicht und schnell über eine Unterkonstruktion spannen, festkleben und hat einen recht stabilen Untergrund, der dann allerdings begipst werden sollte.

Selbst gemacht geht`s auch: Alles was man benötigt ist Kükendraht aus dem Baumarkt, Zeitungspapier und Kleister. Der Kükendraht wird in Stücke geschnitten und auf einem entsprechend großen, eingekleisterten Stück Zeitungspapier platziert. Ein gleich großes, ebenfalls eingekleistertes Stück Zeitungspapier wird nun darauf gelegt und das ganze zum Trocknen an einen sicheren Ort gebracht. Auf diese Weise fertigt man sich günstig einen Vorrat an »Geländehautstücken«. Der Einbau erfolgt mit dem Tacker oder Heißkleber, eventuell entstandene Übergänge spachtelt man.

Gegenüber dem Noch-Drahtpapier, das sich mit einer einfachen Haushaltsschere schneiden lässt, erfordert unser selbstgemachtes Material allerdings eine stabile Drahtschere.

.

Montageschaum

Eine andere Methode zur Landschaftsgestaltung stellt der Einsatz von Bauschaum, auch Montageschaum genannt, dar. Das Material

Nach dem Begrünen ist vom Landschafts-Unterbau logischerweise nichts mehr zu sehen. Er macht sich aber bemerkbar, etwa beim Aufstellen von Bäumen. Bei der Papier-Weißleim-Methode darf nur mit Vorsicht ein Loch gepiekst werden, um Bäume aufzurichten. Die Oberfläche ist zwar zäh, aber durch zu rabiates Lochbohren kann eine Delle in der Landschaftsformation entstehen. Sie wäre zwar leicht wieder auszubügeln, aber ärgern tut es einen doch.

Bauschaum gibt es im Baumarkt in der Dose – nebst Tülle.

Dies ist kein Alien, sondern ein aus Bauschaum aufgetragener »Eckhügel«.

basiert auf Polyurethan und wird daher auch PU-Schaum genannt. Es wird in erster Linie als Dämmstoff z. B. beim Fenstereinbau eingesetzt und ist beständig gegen Wasser. Übrigens: Frischer, noch nicht getrockneter Schaum lässt sich durch Aceton oder acetonhaltige Mittel entfernen.

Allerdings gelten einige Hauptbestandteile von Montageschäumen seit einiger Zeit als sogenannte Risikostoffe, weil sie Augen-, Haut- und Atemwegsreizungen hervorrufen können. Daher müssen bestimmte Bauschäume, die einen bestimmten Anteil an sogenannten Isocyanaten (Härtungsmittel) aufweisen, seit diesem Jahr als gesundheitsgefährdend gekennzeichnet werden.

Aus diesem Grund kann der Einsatz des Materials nicht unbedenklich empfohlen werden. Das heißt, dass diese Montageschäume in Baumärkten nicht mehr offen verkauft werden dürfen, sondern in Stahlschränken verschlossen sein müssen. Ausgenommen von dieser Regelung bleiben alle Bauschäume, die auf der so genannten alpha-Technologie basieren. Denn bei diesen Stoffen erfolgt die Härtung an der Luft durch sogenannte alpha-Silane, die keine Isocyanate enthalten.

Bauschaum bietet sich als Geländegestaltungsmittel an, wenn man umfassende Bereiche aus einer doch recht groben Grundmasse herausarbeiten will. Da das Ventil nach einmaligem Einsatz bereits verklebt ist, sollte man das Material auch wirklich nur für größere Gestaltungsarbeiten vorsehen. Bauschaum eignet sich auch hervorragend, um kleinere Öffnungen im Gelände rasch zu schließen, ohne erst aufwendig Gips anrühren zu müssen. Übrigens empfiehlt sich der Einsatz von Bauschaum auch dort, wo man aufgrund beengter Platzverhältnisse evt. keine Styrodurplatten auch als Spanten oder Landschaftsgerüst einbauen kann. Mit dem Ventilrohr, das jeder Flache beigegeben ist,

Nach dem Durchtrocknen lässt sich der Bauschaum bearbeiten. Hier wurde mit der Drahtbürste der Masse »zu Leibe« gerückt.

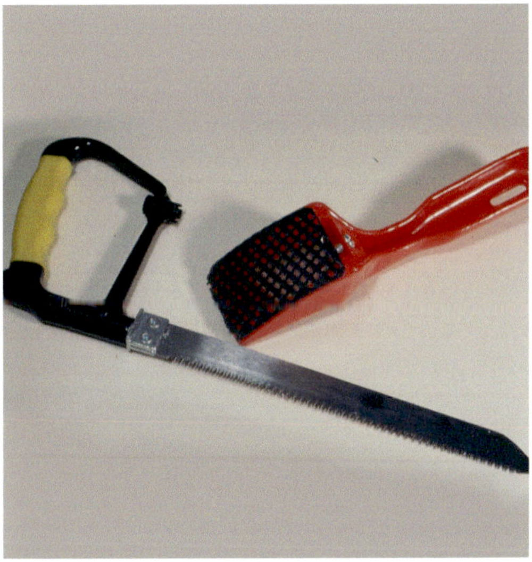

Empfehlenswerte Werkzeuge nicht nur zur Bauschaumbearbeitung sind die Säge und die Raspel.

Ein guter Einsatzbereich von Bauschaum sind die üblichen beim Geländebau verbleibenden Lükken irgendwo in der Landschaft. Man kann sie mit dem Material leicht und schnell verschließen und nach dem Durchtrocknen des Materials bearbeiten. Ein abschließender Gipsüberzug macht die Masse dauerhaft und leicht mit Farbe überstreichbar (es gibt Bauschäume, die sich gegen Farbe »wehren«).

lassen solche Stellen schnell und einfach »zuschmieren«.
Ehe man den Bauschaum aufträgt, sucht man das zur Gestaltung anstehende Gelände mit günstigen Materialien wie Styroporplatten, Kartonstreifen oder Papier aufzufüllen, damit man nicht soviel Bauschaum benötigt. Diese Füllteile müssen unbedingt fixiert werden (z. B. mittels Heißkleber), damit sie der aufquillende Bauschaum nicht einfach beiseite schieben kann.
Übrigens: Arbeitsfläche gut abdecken, heruntertropfender Bauschaum lässt sich nur schwer rückstandfrei entfernen. Tropft etwas auf ein Werkzeug oder gar auf das Gleis sind Putzorgien angesagt, die nicht unbedingt erfolgreich verlaufen. Das Material nicht mir den Fingern berühren, es kann ätzende Eigenschaften haben!
Vor dem Auftrag des Bauschaums befeuchtet man die Oberfläche des Geländes, weil der Bauschaum mit der Feuchtigkeit reagiert und schneller aushärtet. Nach ausgiebigem Schütteln wird die Masse aufgetragen. Da sich Bauschaum sehr stark ausdehnt, sollte nicht zuviel aufgetragen werden. Etwa ein Drittel des im Endzustand benötigen Volumens reicht als Menge aus. Der Ausdehnungsprozess setzt erst verzögert ein, darum sollte nicht noch mal nachgesprüht werden.
Nach einem Tag ist die Masse ausgehärtet und man kann sie bearbeiten. Bitte daran denken: Beginnt man zu früh mit der Bearbeitung und sticht in ein noch feuchtes »Nest«, verschmutzt man sein Werkzeug, das dann fast nicht mehr sauber zu kriegen ist.
Mit Bastelmesser, Sägen, Drahtbürste können Konturen und Strukturen eingearbeitet werden.
Da das Material druckempfindlich bleibt und zudem sehr lichtempfindlich ist, empfiehlt sich ein – zumindest dünner – Gipsauftrag, um die herausgearbeiteten Strukturen zu erhalten. Der Gips schützt das Material auch vor dem Ausbleichen, das auch bei Farbauftrag nicht ausgeschlossen ist und den Farbcharakter der Anlage hinterher verändern kann.

4.1.2.3. Selbstgemachtes Streumaterial

Das Angebot an Streumaterialien ist riesengroß. Beim Betreten des Modellbahngeschäfts des Vertrauens fallen einem die Tütchen und Päckchen mit Streumaterialein aller Art und Couleur fast entgegen. Lohnt es sich da überhaupt, über den »Selbstbau«, will sagen: die Selbstherstellung, nachzudenken.
Ich meine: ja. Es geht uns ja nicht um das Kostensparen, wie eingangs erwähnt, sondern um die Freude und den Spaß beim Selbermachen. Zudem summiert sich bei einer mittleren bis größeren Anlage auch der finanzielle Aufwand für etwas relativ preisgünstiges wie Streumaterial leicht auf ein »paar Scheinchen«.
Und noch ein weiteres Argument für das Selbermachen: Man kann den Farbton selbst bestimmen und auch die »Körnung« des Materials variieren, von ganz fein bis gröber – je nach Wunsch und Einsatzzweck.
Warum verwendet man überhaupt Streumaterial? Ganz einfach: Streumaterial imitiert die vielfältige Bodenbeschaffenheit in der freien Natur. Wer sich einmal umschaut, sieht, dass der einfarbige Boden die Ausnahme ist. Freilich, beim Acker drängt sich der Eindruck braun auf. Aber wer einmal genauer hinsieht, erkennt, dass unterschiedliche Nuancen von dunkel- über mittel- bis hellbraun vorhanden sind. Ebenso ist es mit Wald und Wiese, von einer blühenden Wiese einmal ganz zu schweigen.
Hinzu kommt der Umstand, dass Streu ein dreidimensionales Material ist und damit ganz wie in Wirklichkeit dreidimensionale Bodenbeschaffenheit imitieren lässt. Mit dem flächigen Auftragen von Farbe erreiche ich den gewünschten Eindruck niemals, eine farbbelegte Fläche ist ja nur zweidimensional.

Grundstoff Holzmehl

Ein empfehlenswerter Grundstoff für selbstgemachtes Streumaterial ist sogenanntes Holzmehl, also der Schleifstaub, der beim Bearbeiten von Holz anfällt. Für etwas gröberes Streumaterial kann man Sägemehl verwenden. Wer eine Säge zu Hause stehen hat, kommt sozusagen im Vorbeigehen zu dem Material. Ansonsten empfiehlt sich der Besuch beim Holzhändler oder beim hiesigen Sägewerk.

Zum Färben bietet sich am besten wasserverdünnbare Dispersionsfarbe an, weil sie leicht greifbar und zudem preisgünstig ist. Auch Plakafarbe kann man dazu verwenden. Wasserfarben besitzen einen zu geringen Farbanteil, um damit Holzspäne zu färben und sind somit ungeeignet.

In einem Behältnis – z. B. einem kleinen Eimer – wird Dispersionsfarbe mit Wasser stark verdünnt angesetzt (Mischungsverhältnis Farbe zu Wasser 1:15 bis max. 1:10) und ein Tropfen Spülmittel zugesetzt. Das Spülmittel sorgt dafür, dass das Holzmehl besser benetzt wird.

Um eine natürliche Wirkung zu erreichen, sollten gedeckte erdige und grüne Farbtöne verwendet werden. Sie können durch Zugabe von gelben Tönen aufgehellt bzw. roten Tönen nachgedunkelt werden.

Dann werden soviel Holzmehl oder Sägespäne zugesetzt, bis sich eine teigige, dickflüssige Masse gebildet hat. In der Praxis hat sich ein Verhältnis von Holzmehl zu Wasser von 5:1 als praktikabel erwiesen. Natürlich kann das reale Mischungsverhältnis in der Praxis immer etwas nach unten bzw. oben abweichen, das hängt von der Konsistenz des Holzmehls und natürlich der Korngröße ab. Daher ist das Mischungsverhältnis als Richtwert zu betrachten, Vorversuche sind generell zweckmäßig.

Die Mischung hat die richtige Konsistenz, wenn sich mit einem Rührlöffel darin reliefartige Strukturen bilden lassen, ohne dass diese sofort wieder zusammenfallen.

Um eine durchgängig gleichmäßige Farbgebung zu erhalten, wird der Holzmehlteig dem Behältnis entnommen und wie ein richtiger Teig durchgeknetet. Anschließend wird der Teig auf einer Alufolie ausgebreitet und zum Trocknen an einen warmen Platz gestellt. Der feuchte Teig zeigt übrigens immer eine recht dunkle Färbung, erst im Lauf der Trocknung hellt sich diese nach und nach auf. Das kann bis zu einem Tag dauern, je nach Luftfeuchtigkeit; von Vorteil ist es, die Masse immer wieder einmal zu wenden. Daher nicht sofort nachfärben, wenn einem die Farbe des Holzmehls als ungewollt dunkel erscheint.

Holzmehl ist leicht zu beschaffen, so man Besitzer einer Säge ist, kommt sozusagen nebenbei an das Material. Im Becher wird das Holzmehl mit verdünnter Dispersionsfarbe angesetzt.

Auf Alufolie wird der Teig geknetet, bis er eine durchgängige Farbe angenommen hat.

Nach dem Trocknen empfiehlt sich die Aufbewahrung in preiswerten Kunststoffstreuern aus dem Ramschladen.

Nachdem der Teig getrocknet ist, zerfällt die Masse in kleinere und größere Klümpchen, die es zu trennen und in ihre Bestandteile aufzulösen gilt.
Das geschieht am einfachsten, indem man die Masse durch ein Teesieb hindurchstreicht. Vielleicht tut es auch ein ausgedientes Rüttelsieb aus der Küche. Damit ist das Holzmehl fertig zur Verwendung als Streumaterial auf der Anlage.
Mit dem Streumaterial lassen sich übrigens auch Bäume beflocken (z. B. Nadelbäume wie im Kap. 5 beschrieben), auch Islandmoos kann man damit zu passablen Büschen weiterverarbeiten.
Beim Aufstreuen – das am besten z. B. in gefärbter Weißleimmischung, die die nötige Substanz hat, erfolgt – ist es nicht gut, nur einen Farbton aufzubringen. Das Ergebnis wäre eine recht eintönig wirkende Fläche. Besser ist es, Materialien unterschiedlicher Farbgebung ineinander zu streuen. Werden sie vorher gemischt, einsteht wiederum eine zwar bunte, aber eintönige Fläche.

4.1.2.4. Landschaftsgestaltung mit Schaumstoffen

Damit wieder zurück zur Landschaftsgestaltung. Schaumstoffe sind in vielerlei Hinsicht ideale Modellbaustoffe. Sie sind leicht bzw. relativ leicht mit den üblichen, in jedem Haushalt vorhandenen oder leicht zu beschaffenden Hilfsmitteln zu bearbeiten, man kann sie kleben und einfach färben. Das Material ist wasserfest, kann also begipst und bemalt werden.
Bekannt sind Styropor und Styrodur/Styrofoam. Erstgenanntes ist ein 1951 entwickeltes grobporiges Schaumpolystyrol, also ein Thermoplast-Werkstoff. Exakt heißt es Expandierter Polystyrol-Hartschaum (EPS), entsteht also durch Ausdehnung. Bekannt geworden ist es unter dem Handelsnamen Styropor, die Farbe ist weiß.
Davon ist das feinporigere Styrodur/Styrofoam zu unterscheiden. Es heißt Extrudierter Polystyrol-Hartschaum (XPS), entsteht also indem es durch Düsen gepresst wird. Zusätzlich zu den skizzierten Produkteigenschaften

Hartschaum hat auf breiter Basis Einzug in die Modellbahnerei gehalten. Er bildet durch seine günstigen Eigenschaften (leicht bearbeitbar, geringes Gewicht) den hochwillkommenen Grundstoff für z. B. Mauern, hier ein Produkt von Noch.

ist Styrodur/Styrofoam wesentlich druckfester als Styropor. Stryodur unterscheidet sich von Styrofoam durch die Farbe, Styrodur ist grün, sein Verwandter blau. Es gibt das Material in Stärken von 20-60 mm sowie in 80, 100, 120, 140, 160 und 180 mm (Achtung nicht alle Oberflächen- und Kantenprofile sind in allen genannten Dicken erhältlich; siehe Tabelle).
Die Platten messen 1250 x 600 mm bzw. 1265 x 615. Die Größe 2515 x 615 mm sei nur der Vollständigkeit halber erwähnt, in vernünftiger Form transportieren kann man das ja wohl kaum mehr.
Styrodur wird auch noch nach dem Oberflächen- und dem Kantenprofil unterschieden. Es gibt glatte und geprägte (geriffelte) Ausführungen. Die Kantenprofile umfassen verschiedene Formen, die für uns Modellbahner durchaus von Interesse sind. Für die Verwendung als Landschaftsbaumaterial verwendet man die glatten Ausführungen. Die geriffelte Oberfläche bietet sich an, wenn man Gleiszwischenräume auffüllen will, da der anschließende Gipsüberzug auf der geriffelten Oberfläche u. U. etwas besser haftet. Aber eigentlich genügt die glatte Ausführung vollauf.
Die Kantenprofile umfassen rechteckige, L-förmige und U-förmige Kanten-Ausführungen. Während man die rechteckigen Formen für die meisten Einsatzbereiche bevorzugt, weil die Kantenprofile da ohnehin keine Rolle spielen, greift man zum Material mit L-förmiger Kante, wenn das Styrodur als Unterbau, also als Verkehrsfläche für die Modellbahn verwendet werden soll. Man kann damit die Platten untereinander verbinden. Weitere Details sind im Kapitel zum Unterbau zu finden.

Der Übersicht halber eine Tabelle mit den wichtigsten Eigenschaften der für den Modellbahner interessanten Styrodur-Typen (DIN-Bezeichnungsschlüssel).

Typ nach DIN	2500 C	2800 C	3035 CS
Maß in mm	1250 x 600	1250 x 600	1265 x 615
Oberflächenprofil	glatt	geprägt (geriffelt)	glatt
Kantenprofil	rechteckig ■	rechteckig ■	L-förmig L
Dicke in mm	20, 30, 40, 50 und 60	20, 30, 40, 50, 60, 80, 100 und 120	30, 40, 50, 60, 80, 100, 120, 140, 160 und 180
Verwendung	alle Zwecke des Modellbaus, als Trassenmaterial, Landschaftsbasis	alle Zwecke des Modellbaus, als Trassenmaterial, Landschaftsbasis	Unterbau als tragende Verkehrsfläche

Der Hartschaum bietet sich z. B. als einfach zu bearbeitendes Spantenmaterial für eine zu gestaltende Landschaft an. Hartschaumspanten stellen dann Fixpunkte für die entstehende Landschaft dar und geben ihr Kontur bzw. Form. Mit Kükendraht, der dreidimensional formbar ist und mittel Schmelzkleber an Styrodur befestigt werden kann, lässt sich schnell eine Geländehaut herstellen. Mit konventionellen Methoden, z. B. Gipsbinden, überzieht man dann die Geländehaut.

Styroporschneider selbstgebaut

Wie bereits erwähnt, ist die Bearbeitung von Styropor nicht schwierig, aber es fällt viel Schmutz an. Zum Bearbeiten empfehlen sich je nach Dicke des Materials Messer und Sägen. Unverzichtbares Utensil ist aber ein Besen nebst Schaufel, um die anfallenden, elektrostatisch aufgeladenen Krümel zu beseitigen. Ideal ist ein Industriestaubsauger, der die Krümel schnell und einfach

Egal, ob moderne Baustoffe eingesetzt werden oder nicht, hinterher freut man sich über seine Modellbahn und genießt den Fahrbetrieb.

beseitigt. Ein findiger Kopf konstruiert eine Halterung, die den Saugschlauch aufnimmt, sodass während der Sägearbeit die abfallenden Styroporkrümel sofort aufgesaugt werden. Anschließend sachgerecht entsorgen, und bitte niemals im Klo runterspülen! Das hat allen Ernstes ein Hobbykollege gemacht. Er erzählte mir kürzlich völlig unbekümmert davon, »weil das aufgeladene Zeug nur unter Schwierigkeiten in den Gelben Sack geschüttet werden konnte, immer wieder sind Kügelchen einfach rausgesprungen. Darum hab ich das ins Klo geschüttet.«

Grundlegendes zu Thermosägen

Styrodur (auch Jackodur) krümelt nicht so stark, ist aber etwas schwieriger zu bearbeiten, weil das Material von Haus aus fester ist. Gröbere Zuschnitte kann man z. B. mit einem Fuchsschwanz erledigen. Bei kleineren Arbeiten, z. B. dem Anpassen einer Landschaft aus Styrodur, kann mit verschiedenen Sägen gearbeitet werden. Wenn es an das feinere Herausarbeiten geht, nutzt man Raspeln und Messer. Mit der Raspel lassen sich feinere Übergänge in der Landschaft modellieren, das Messer eignet sich zum Schnitzen von Strukturen.

Da Schaumpolystyrole sich sehr gut mit Thermosägen schneiden lassen, sei der Selbstbau eines einfachen Styroporschneiders hier vorgestellt. Zur Erläuterung: Das zu sägende Material wird bei dieser Sägeart nicht zerschnitten, sondern geschmolzen; Voraussetzung für den Einsatz einer solchen Säge ist ein niedriger Schmelzpunkt des zu zertrennenden Materials, was bei Schaumpolystyrolen der Fall ist.

Das Prinzip einer Thermosäge ist relativ einfach: Ein Metalldraht (meistens aus der Legierung Konstantan) wird direkt von einem Strom durchflossen. Dabei erhitzt sich der Draht im Idealfall auf die gewünschte Arbeitstemperatur. Es genügt in unserem Fall, dass er sich einfach erhitzt.

Zur Stromversorgung genügt ein Netzgerät mit Niedervoltspannung, alles andere wäre ja lebensgefährlich! Denn das Berühren des

Drahts könnte durchaus einen Stromschlag zur Folge haben.
Es gibt professionelle Styroporschneidegeräte mit einstellbarer Temperaturregelung und besitzen bisweilen sogar ein Gebläse, über das der Heizdraht gekühlt werden kann. Das ist für die Haltbarkeit des Drahts günstig, denn an den Stellen, an denen der heiße Draht beim Schneiden nicht mit Material in Berührung kommt, wird er ja nicht gekühlt und kann u. U. überhitzen. Aber die für eine Beschädigung notwendigen Mengen zerschneiden wir ja wohl kaum.
Aber die Anschaffung eines solchen zugegebenermaßen hilfreichen Geräts ist für uns gar nicht nötig. Der selbstgebaute Styroporschneider reicht für unsere Zwecke allemal aus.

Selbstgebaute Thermosäge

Man benötigt dazu eine Laubsäge, einen Schneidedraht (z. B. aus dem Angebot von Proxxon), Kabel möglichst großen Querschnitts sowie ein Modellbahntrafo mit Thermosicherung. Der Schneidedraht sollte einen Durchmesser von etwa 0,2 mm haben.
Im Prinzip wird der Schneidedraht anstatt eines Laubsägeblattes in die Laubsäge eingespannt. Der Anschluss des Drahts erfolgt dann über ein zweiadriges Kabel an einen Trafo.
Zunächst muss eine Aufnahme an der Laubsäge bearbeitet werden. Das Laubsägeblatt wird bei solchen Sägen ja einfach zwischen zwei Metallplättchen eingespannt und durch Zusammendrehen der Flügelschrauben eingeklemmt. Spannt man den Draht nun einfach nur ein und schließt ihn dann an, gibt es einen Kurzschluss. Daher muss eine der beiden Blattaufnahmen der Säge isoliert werden. Die andere der beiden Aufnahmen kann unbearbeitet übernommen werden. Der Schneidedraht wird dort einfach eingespannt, zudem wird dort auch ein Kabel an der Flügelschraube angebracht.
Nun zur zu bearbeitenden Aufnahme: Anstatt der Metallplättchen verwendet man z. B. festen Karton, wer will kann auch Kunststoff nehmen. Die Aufnahmen müssen den

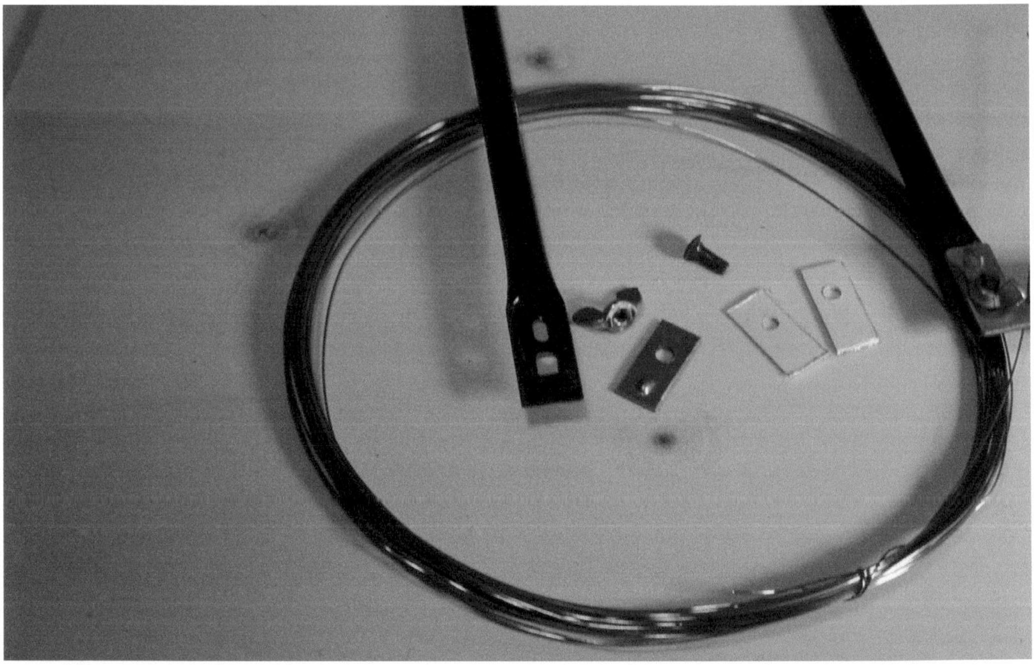

Ein alter Laubsägebogen findet sich in wahrscheinlich jedem Haushalt, Schneidedraht gibt es im Bastelgeschäft für wenig Geld, die Kunststoffplättchen sind Teile einer Waggonverpackung.

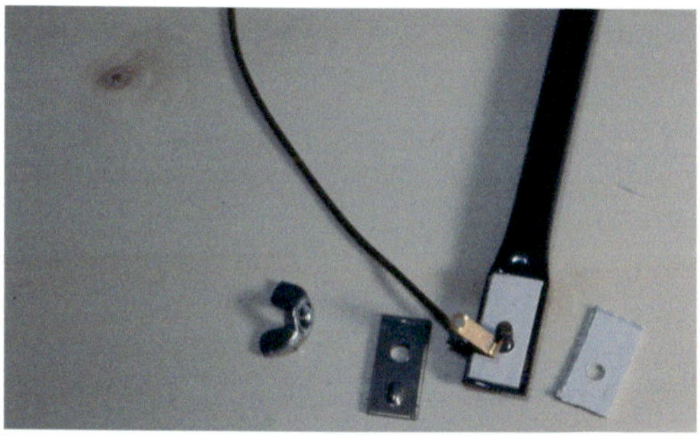

Der eine Anschlussdraht wurde auf einem Stück Federbronze aufgelötet. Die Kunststoffplättchen sind Teile einer nicht mehr benötigten Waggonverpackung.

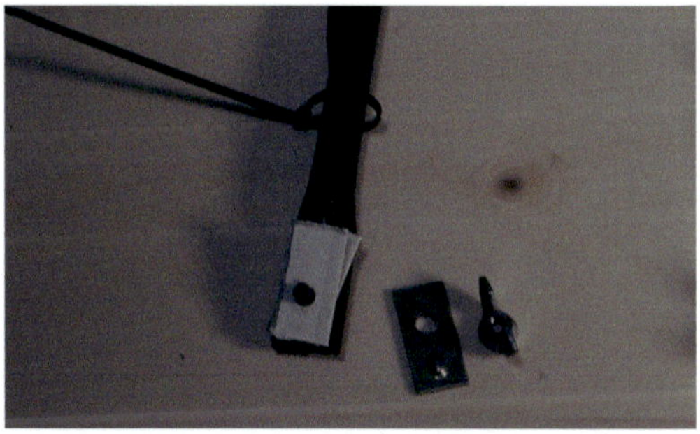

Beide Kabel wurden angebracht und mit Kabelbindern befestigt. Letzteres ist unbedingt zu empfehlen, denn ansonsten hängt einem immer ein Kabel im Weg herum.

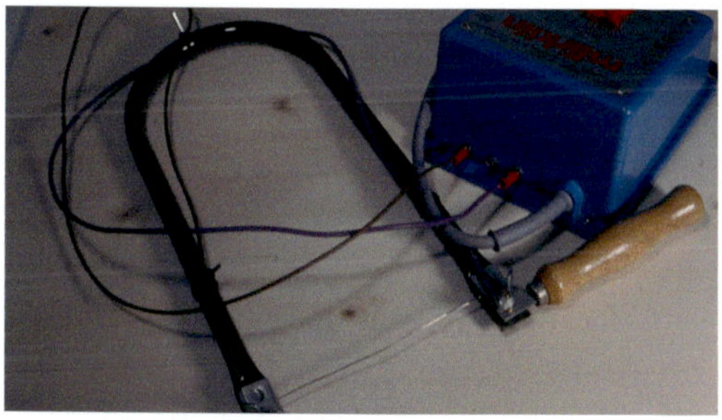

Der spannende Moment: Das Gerät wird mit dem Trafo verbunden. Nach kurzer Aufheizzeit kann es schon losgehen.

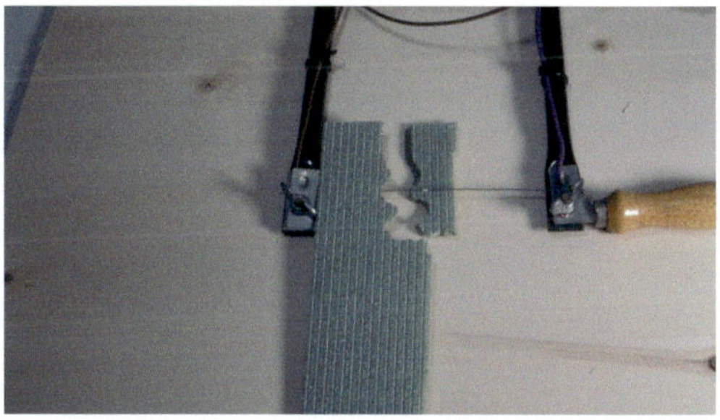

»Juhu«, der Draht gleitet wie ein Messer durch (weiche) Butter. Theoretisch sind dem Einsatz kaum Grenzen gesetzt.

Draht ja nicht so fest halten wie einen Laubsägebogen. Mit dem Styroporschneider führen wir ja keine sägenden Bewegungen mit hoher Zugbelastung aus, sondern ziehen das Gerät durch das Styrodur wie »durch Butter«, üben also nur Druckbelastung aus.
Ehe wir den Draht in die isolierte Aufnahme einspannen, muss er abgelängt werden und mit dem zweiten Kabel verbunden werden. Hierfür verwendet man ein Metallplättchen, auf welches das Kabel angelötet wird. Das Metallplättchen wird zwischen die isolierenden Plättchen geklemmt und festgeschraubt. Dabei aufpassen, dass nicht doch ein Kontakt mit der Flügelschraube entsteht. Passieren kann in diesem Fall nicht viel, außer einem saftigen Kurzschluss. Aber das signalisiert uns ja unser Trafo mit Thermosicherung durch das bekannte »Brutzelgeräusch«.

Die beiden Kabelzuleitungen schlingt man am besten um den Bügel der Laubsäge und befestigt sie dort mit Kabelbindern oder Klebestreifen. Andernfalls sind sie uns beim Schneiden des Stryodurs immer im Weg.
Nun kann das Gerät an den Trafo angeschlossen werden (Ausgang 14-16 V Gleichstrom). Nach kurzer Aufheizzeit ist der Styroporschneider einsatzbereit. Einfach und schnell kann man damit das Material zerteilen. Allerdings sollte man dabei unbedingt auf gute Belüftung achten, denn das erhitzte Schaumpolystyrol stinkt nicht nur gewaltig, die dabei entstehenden Dämpfe sind gesundheitsschädlich.

4.1.2.5. Felsenbau

Eine natürliche, abwechslungsreiche Landschaft besteht aus Wald und Wiese, Berg und Tal, Fluss und See. Monokulturen aus Mais-

pflanzen oder aus Fichtenbäumen überlässt man der Wirklichkeit.
An manchen Stellen tritt der blanke Stein oder Fels aus dem unkrautüberwucherten Untergrund, Verwitterungsprozesse haben ihn blank geschliffen. Wie kriegt man ihn rasch auf die Anlage? Manche verwenden da einfach richtige Steine. Prinzipiell gut, aber mit der Zeit recht schwer. Es gibt Gipsformen, um damit Felsen nachzubilden. Ihr Nachteil: Man erhält aus der Form immer ein und denselben Abguss, benötigt also mehrere Gipsformen. Das aber ist nicht unbedingt preisgünstig. Wie man sich Gipsformen leicht selber herstellen kann, wird weiter unten beschrieben (Seite 79 ff).

Styroporbrocken

Gute Ergebnisse erhält man mit aufgemauerten Styroporbrocken. Das Material ist nicht teuer, man kann es z. B. im Lauf der Zeit sammeln, liegt es doch als Verpackungsmaterial oft irgendwelchen Neuanschaffungen für den Haushalt bei. Im Baumarkt sind Platten günstig zu erwerben.

Zunächst zerbricht man das Material in verschieden große Stücke. Das geschieht am besten in einem großen Behälter, z. B. einer Flipbox genannten Kunststoff-Falt-Box für den Einkauf. Denn Styropor bröselt, lädt sich gern elektrostatisch auf und haftet überall, wo es das eigentlich nicht tun soll. Zerbröselt man das Styropor in der beschriebene Box, bleibt die Verschmutzung wenigstens in überschaubarem Rahmen.
Dann rührt man Modellgips an. Unbedingt einen mit langer Stockzeit nehmen, damit er nicht zu rasch »anzieht«. Dann geht es schon los (arbeitet man in der Nähe von Gleisen, sind diese natürlich zuvor abzudecken). Man »mauert« nun eine Wand mit Sytroporklötzchen und -brocken auf. Jede Form von Regelmäßigkeit gilt es dabei zu vermeiden, das »macht« die Natur ja genauso.
Der Modellgips benötigt längere Zeit, um auszuhärten. Ist alles gut durchgetrocknet, geht es daran, die Styroporwand mit Gips zu überziehen. Man kann dafür preisgünstig erhältlichen »Elektrikergips« nehmen, der sehr rasch anzieht. Dann darf man halt nur wenig

Die mit Styroporbrocken aufgemauerte Felswand wird anschließend mit Gips überzogen, dabei wird der Gips mittels Werkzeug strukturiert.

Nun wird die Felswand mit Dispersionsfarbe flächig und satt überzogen.

Mit dem Pinsel wird nun graniert: Mit dem trockenen Pinsel wird wenig Farbe übergewischt, wodurch die Strukturen hervortreten.

Das Endergebnis: Schnell und ohne Aufwand sowie sehr preisgünstig ist die Felswand entstanden. Den letzten Schliff erhält die Wand noch durch allerlei Grünzeug.

auf einmal anrühren. Vorteilhaft ist dabei in jedem Fall der rasche Arbeitsfortschritt. Mit Modellgips geht es halt langsamer, weil die Trocknungszeit erheblich länger ist. Es ist aber bei der beschriebene Baumethode nicht nötig, den Überzug mit Modellgips zu fertigen. Denn die Struktur bringt man bereits beim Auftragen des Gipses auf und nicht erst nachträglich, sozusagen in einem zweiten Arbeitsgang.

Mit einem kleinen Spachtel wird der Gips nun über die Styroporwand geputzt. Dabei zieht man das Gerät schräg von unten nach oben und trägt dabei den Gips auf. Das klingt jetzt komplizierter als es in Wirklichkeit ist. Abschließend »wischt« man mit dem Spachtel nochmals über den frisch aufgetragenen Gips, dadurch verleiht man der Gipsmasse und damit der »Felsoberfläche« dreidimensionale Struktur. Wer will kann beim Drüberwischen den Spachtel immer wieder mal leicht in die Masse eindrücken. Das dabei entstehende Ergebnis sind Kanten, wie sie in natürlichem Stein auch vorkommen.

Nun heißt es, alles trocknen zu lassen – bei Verwendung von Elektrikergips geht das aber rasch. Vor uns liegt respektive steht eine strukturierte Gipsfelswand. Mit Farbe bringen wir nun weitere Struktur auf. Rasch und einfach ist folgendes Verfahren: Der Fels wird – je nach Geschmack und später gewünschtem Ergebnis – dunkel gestrichen. Hierfür eignen sich Dispersionsfarben. Im Beispiel wurde der Felsen einfach schwarz gestrichen.

Nachdem alles gut getrocknet ist – das geht auf stark saugenden Untergründen wie Gips sehr schnell vonstatten – graniert man mit weißer Farbe über die Felswand. Man setzt also gewissermaßen »Lichter«, indem die dreidimensionalen Strukturen hervorgehoben werden.

Dazu wird etwas weiße Dispersionsfarbe auf ein Brettchen gespritzt. Einen trockenen Borstenpinsel (!) taucht man mit den Spitzen in die Farbe und streicht den Pinsel über dem Brettchen ab, sodass fast keine Farbe mehr in den Haaren vorhanden ist. Dann »wischt« man über die Felswände, man graniert also.

Die tieferen Strukturen bleiben dabei von Farbe unberührt und suggerieren mit ihrer dunklen Farbe Tiefe, wohingegen die erhabenen Stellen mehr Farbe abkriegen. Das schafft optisch dreidimensional wirkende Strukturen. Zugleich wird dem Fels eine gewünschte, weil vorbildentsprechend unregelmäßige Oberflächenfarbe gegeben. Dieser Vorgang ist beliebig oft wiederholbar, bis man mit dem Ergebnis zufrieden ist.

Im Prinzip kann man beim Bemalen auch Wasserfarben nehmen, die natürlich sehr leicht zu verarbeiten sind. Man kann mit ihnen auch nass in nass arbeiten und dadurch schöne Effekte erzielen. Aber ein gravierender Nachteil von Wasserfarben soll nicht verschwiegen werden: Tragt man die Farbe etwas zu nass auf, so kann zuvor aufgebrachte Farbe regelrecht abgewaschen werden – daran immer denken, sonst zerstört man vielleicht durch Unachtsamkeit eine so gelungene wie mühsam aufgebrachte Felsfarbgebung wieder.

Abschließend, nachdem alles gut getrocknet ist, detailliert man die Felswand weiter, etwa durch Bekleben mit Grünzeug, Flechten und Moosen.

Statt der empfohlenen Holzkohle kann man auch einen hübsch strukturierten Stein nehmen.

Felsen aus selbst gefertigten Formen

Man kann, wie oben beschrieben, Felsabgussformen aus Silikon käuflich erwerben (z. B. bei Noch oder bei Spörle), oder aber man fertigt sich solche Abgussformen schnell und preiswert selbst an. Das Abgießen ist

Knetmasse wie sie überall erhältlich ist. Vor der Verwendung ist sie schön weich zu kneten.

Nachdem die weiche Knetmasse um den Stein geformt worden ist, hat man eine Abgussform erhalten.

keine Arbeit, die zu rasch verwendbaren Ergebnissen führt. Während der Abguss und die Herstellung der Form schnell erledigt sind, benötigt der Abguss u. U. zwei Tage zum Durchtrocknen. Der Einbau eines noch feuchten Gussteils in die Anlage ist keine gute Idee, weil sich u. U. schimmlige Ecken und Stellen bilden können.

Alles was man benötigt, ist Knetmasse (aus dem Bastel- bzw. Spielzeuggeschäft), ein größerer Stein oder besser: Holzkohle. Aus der Knetmasse wird ein großer Klumpen gebildet und geschmeidig geknetet. Das kann einige Minuten dauern. In diesen Knetmasse-Kuchen kommt ein schönes großes Stück Holzkohle. Dann drückt man den Kuchen um die Kohle herum an, formt also sozusagen eine Schale.

Nun wird das Holzkohlestück wieder herausgenommen, im Kuchen verbleibende Brösel sind unproblematisch. Wie man sieht, hat die Holzkohle ihre gesteinsartigen Strukturen in die Knetmasse übertragen.

Schon hat man eine Abgussform erhalten. Sie ist natürlich nicht so stabil und dauerhaft wie eine aus Silikon, kostet dafür aber auch nur wenig.

Der Gips wurde soeben eingefüllt. Allerdings sollte man die Oberfläche glatt ziehen und nicht wie hier zu sehen »hügelig« lassen. Denn mit einer glatten Rückseite lässt sich das Gipsteil später viel leichter in die Landschaft einpassen als mit einer schrundigen.

Das Abgießen

Man kann jetzt einfach nur etwas Gips in die Form schütten und fertig. Beim richtigen Gipsgießen muss man aber einiges beachten, um gute Abgüsse zu erhalten.

Wenn man mit Silikonformen arbeitet, müssen diese vor dem Gießen mit Netzmittel eingepinselt werden. Bei Letzterem handelt es sich um synthetische, sogenannte Ochsengalle, z. B. unter der Marke Lukas beim Hersteller Schoenfeld, Postfach 104741, 40038 Düsseldorf, Tel 0211/7813-0, Fax -24, www.lukas.eu; erhältlich im Maler- oder besser Künstlerbedarf, es wird mit Wasser im Verhältnis 1:5 gemischt.

Bei unserer Knetmasse-Form ist das nicht unbedingt nötig, da sie ohnehin nicht soviel kostet wie eine Silikonform, aber wer möchte, kann das natürlich machen, es schadet der Qualität des Abdrucks keinesfalls. Das Netzmittel bringt man mit dem Pinsel dünn auf, dabei sind stehende »Netzmittel-Seen« zu vermeiden. Hauptaufgabe des Stoffs ist es, durch Herabsetzung der Oberflächenspannung eine Blasenbildung (verursacht optische wie statische Beeinträchtigungen) im Abguss zu verhindern.

Vor dem Gießen kann man die Form noch mal kurz ausschütteln, damit keine großen Mengen Netzmittel in der Form stehen.

Der richtige Gips

Für das Abgießen verwendet man am besten Modellgips, aber auch einfacher Elektrikergips ist verwendbar. Stets sollte nur »frisches« Material verwendet werden. Wer einen zugegebenermaßen preisgünstigeren großen Sack Gips kauft, das Material aber zu lange herumstehen lässt, läuft Gefahr, dass der Gips »Wasser zieht« und im schlimmsten Fall unbrauchbar, in jedem Fall aber nicht mehr richtig fest wird.

Der Gips wird bis zu einer leicht sahnigen Konsistenz angerührt. Stets wird zunächst Wasser in ein geeignetes Behältnis gefüllt und dann Gips bis zur gewünschten Konsistenz zugesetzt. Dabei gut rühren, damit sich keine Klümpchen bilden. Diese Klumpen sind nämlich nicht plastisch formbar, in der Abgussform würden sie nicht die gewünschte und durch die Form vorgegebene Struktur annehmen.

Wer sich die Arbeit mit Gips und Spachtel/Rührholz ersparen will, füllt Gips und die notwendige Menge Wasser in ein Konservenglas mit Schraubverschluss, schüttelt das Ganze gut durch und füllt es in die Form. Danach das Gewinde unbedingt säubern, um eine Wiederverwendung des Gipsschüttlers zu ermöglichen.

Auch das Werkzeug wie der Spachtel und die Gipsbrust, in der der Gips angerührt worden ist, sind wieder sauber zu machen. Dabei niemals unter fließendem Wasser den Gips im Waschbecken ausspülen, denn Gips kann auch unter Wasser trocknen, im ungünstigsten Fall also im Abflussrohr, den Rest kann sich jeder ausmalen. Gips lässt man im Anrührgefäß trocknen und kann ihn dann als Brösel entsorgen. Das Gefäß und die Werkzeuge kann man mit Schleifpapier wieder sauber machen.

Die Abgussform, also unser Knetmasse-Kuchen, sollte plan auf waagerechtem Untergrund aufliegen. Dann wird der Gips langsam eingefüllt. Nun klopft man mit dem Finger behutsam an den Kuchen und löst so evt. vorhandene Luftbläschen aus der Masse. Nachdem der Gips ausgehärtet ist – das ist beim empfohlenen Modellgips in der Regel nach ca. 30 Minuten der Fall, bei Elektrikergips natürlich viel rascher – entfernt man den Knetmasse-Kuchen behutsam wieder. Man sollte den Abguss aber nicht zu lange in der Form lassen, da er u. U. so fest sitzt, dass man die Form nicht wieder von neuem verwenden kann.

Das der Form entnommene Gussteil ist in der Regel sehr feucht. Man legt es auf Zeitungspapier an einen warmen Ort, wo es trocknen kann. Küchenpapier hat sich dabei nicht bewährt, denn es geht gern mit dem Gipsteil eine bleibende Verbindung ein. Wenn sich das Gussteil nicht mehr kalt anfühlt, ist es zur Weiterverwendung bereit und mit Farben einfach weiter zu detaillieren.

Man kann nach dieser Methode im Prinzip auch Bahnsteige, Tunnelportale und Mauerplatten (Stützmauern) selbst anfertigen. Man formt einfach eine käuflich erworbene Mauerplatte oder ein Kunststoff-Bahnsteig mit der Knetmasse ab.

Solche Gipsabgüsse sind generell leicht zu bearbeiten, wenngleich sie natürlich bruchgefährdet sind. Ein evt. Bruch ist mit Gips leicht zu beheben. Mit der nötigen Behutsamkeit kann man den Gipsabgüssen aber mit allerlei Werkzeug zu Leibe rücken: Schaben, Kratzen und Ritzen mit z. B. Schraubenziehern, Reißnadeln und mit Fräsern einer Kleinbohrmaschine. Diese Arbeiten – vor allem wer mit einem elektrisch betriebenen Fräser (»Staubwerfer«) zu Werke geht – erzeugen viel Dreck und sind am besten nicht am Küchentisch erledigt.

Das Sägen ist problematisch, weil die Abgüsse bei dieser Manipulation leicht zerbrechen. Am besten gelingt es mit speziellen Modellbau-Kreissägen, dabei mit geringen Drehzahlen sägen.

Besser, weil berechenbarer, ist folgende Sägemethode, ähnlich dem Glasschneiden: Man benötigt ein Stahllineal und ein Ritzwerkzeug, z. B. ein Schraubenzieher oder eine Reißnadel. Man führt das Ritzwerkzeug einige Male behutsam entlang des Lineals. Dabei entsteht eine Vertiefung, die etwas zu vertiefen ist.

Dann legt man die Gipsplatte (ganz wie eine zu brechende Glasplatte nach dem Einritzen mit dem Diamantschneider) entsprechend der gewünschten Trennung an eine Tischkante, die parallel zur Vertiefung verläuft. Mit einem kurzen kräftigen Ruck knickt man die Platte ab. Der Grat, der vom Brechen evt. zurückbleibt, kann z. B. mit Schleifklotz entfernt werden.

Geschnitzter Fels

Diese Baumethode bietet sich an, wenn man auf die Planscherei mit Gips und Wasser verzichten will oder muss. Dabei werden aus Styrodur Felsstrukturen herausgeschnitzt. Diese Methode eignet sich am ehesten für

Modellbahner mit künstlerischer Ader, denn die gewünschten Strukturen entstehen weniger zufällig als bei anderen im Buch vorgestellten Fels-Baumethoden.
Styropor eignet sich als Ausgangsmaterial nicht, es ist viel zu weich und lässt sich nicht schnitzen. Styrodur/Styrofoam ist wesentlich druckfester und plastisch formbar. Aus dem Material wird eine »Felswand« durch Aufeinanderkleben von mehreren kleineren Platten, je nach Bedarf und Anforderungen, geschaffen. Es genügt, Platten mit einer Tiefe von etwa 10 cm aufeinander zu kleben.
Nach dem Trocknen kann man mit dem Schnitzen anfangen. Voraussetzung ist, dass man die zu schaffenden Strukturen schon im Kopf haben muss, ehe man anfängt. Eben gerade so wie ein Maler, der beim Malen des Bilds das Ergebnis auch schon im Kopf hat. Zunächst werden mit Raspeln und Sägen die groben Strukturen herausgearbeitet. Dann geht es an die Feinarbeit.
Ich arbeite da am liebsten mit Stechbeiteln oder Stemmeisen, also mit Werkzeugen zur spanenden Holzbearbeitung. Natürlich werden sie nicht wie beim Tischler mit dem Hammer eingesetzt, sondern nur von Hand

Mit der Drahtbürste wurde die künftige Felswand erst einmal aufgeraut und die glatten Flächen grob gestaltet.

Mit einem Stemmeisen und anderen geeigneten Werkzeugen werden die Felsstrukturen herausgearbeitet. Immer seitlich einstechen und das Werkzeug abkippen. Dabei werden Schnitzelchen abgestochen, wodurch eine Felswand mit basaltartiger Anmutung entsteht.

behutsam geführt. Die Technik ist folgende: Das Werkzeug wird von schräg oben mit geringer Tiefe in das Material eingestochen und nach vorne abgekippt. Dabei wird ein Span aus dem Styrodur herausgebrochen und entfernt. Natürlich muss man da ein wenig üben, bis man den Bogen raus hat. Mit der Zeit entsteht eine Felsstruktur, wie man sie von Basaltbrüchen bzw. -formationen her kennt.

Ist man mit dem geschnitzten Werk zufrieden, erhält die Felswand einen Farbüberzug nach eigenem Geschmack oder Erfordernis, etwa passend zum Hintergrund. Mit Dispersionsfarben gelingt es rasch und preisgünstig. Wichtig ist, dass die Farben decken. Mit Wasserfarben gelingt das bei Styrodur nicht. Die Trocknungszeit der Farbe ist bei direktem Auftrag auf Styrodur etwas länger als beim Auftrag auf Gips, weil die Feuchtigkeit ja nicht nach »unten weggezogen« wird.

Wer will, kann natürlich das geschnitzte Werk doch noch mit Gips überziehen, ehe er es bemalt, aber notwendig ist das, etwa wegen der Haltbarkeit oder Widerstandsfähigkeit, eigentlich nicht. Mann kann Styrodur mit allerlei Grünzeug bekleben, nur darf man dabei keinen lösungsmittelhaltigen Kleber nehmen, der das Material anlöst. Am besten eignen sich lösungsmittelfreie Kleber sowie Heißkleber und Weißleim.

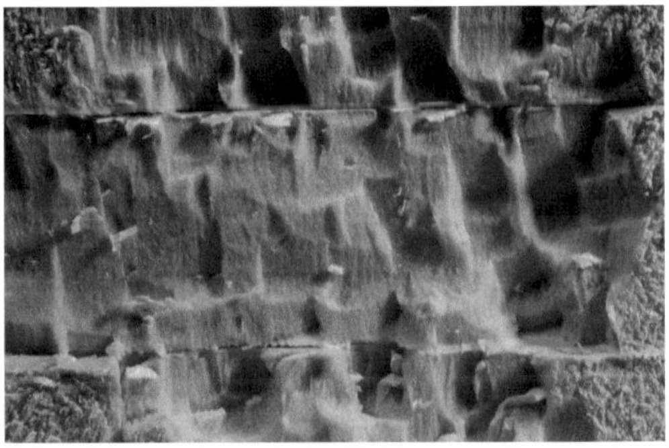

Die fertig geschnitzte Felswand: Unschön fallen noch die Querfugen der aufeinander geklebten Styrodurplatten auf. Das lässt sich durch sorgfältigen Einsatz der Drahtbürste (oder Raspel) verhindern: Die Querfugen muss man vor dem Schnitzen genau wegraspeln.

Die Felswand nach dem Farbauftrag mit zusammengemischter Dispersionsfarbe. Natürlich bringt auch hier wieder Grünzeug den letzten Schliff.

5. Landschafts-feingestaltung

Nachdem die Landschaft im Großen und Ganzen entstanden ist, kann man sich an die Feingestaltung machen. Das auch das nicht so viel Zeit in Anspruch nehmen muss, ist Inhalt dieses Kapitels.

Die detaillierte Ausgestaltung der Landschaft kann ganz schön ins Geld gehen, da muss geradezu preisgünstig gearbeitet werden.

5.1. Die Begrasung

Realistische Vegetation ist nicht einfach nachzubilden. Zwar hält die Modellbahnindustrie eine große Menge unterschiedlicher Materialien zur Oberflächengestaltung bereit, deren alleiniger Einsatz aber nicht immer zu befriedigenden Ergebnissen führt. Entscheidend für den realistischen Eindruck sind stehende Halme.

Seit einigen Jahren ist die elektrostatische Begrasung der Modellbahn üblich, allerdings sind die Profigeräte recht teuer, was ihren Einsatz im privaten Rahmen als unsinnig erscheinen lässt. Seitdem es relativ preisgünstige Geräte gibt, etwa von Noch, Conrad oder Heki, ist der Einsatz eines Elektrostaten auch für den Normalmodellbahner im privaten Rahmen in sinnvoller Weise durchführbar. Natürlich sind auch diese Geräte nicht preiswert, da muss man halt entscheiden was einem die Sache wert ist. Günstiger ist es in jedem Fall zu mehreren ein solches Gerät zu erwerben.

Beim elektrostatischen Begrasen wird zwischen Gerät und der zu beflockenden Fläche ein elektrisch aufgeladenes Feld erzeugt. Hindurchrieselnde Grasfasern werden elektrostatisch aufgeladen und richten sich den Feldlinien folgend auf. Wenn sie jetzt auf die mit Leim bestrichene Anlagenfläche treffen, tun sie dieses schön senkrecht. Das Ergebnis ist eine Wiese mit realistisch senkrecht stehendem »Gras«.

Allerdings – und das ist das Hauptproblem eines solchen elektrostatischen Beflockers – braucht man ihm beim Landschaftsbau und dann nicht mehr. Wie oft baut man an der Landschaft weiter oder gestaltet etwas um? Eben! Ein bisschen teuer angesichts der seltenen Benutzung, nicht wahr?

5.1.1. Alternativen zum Begraser

Daher widmet sich der Modellbahner der Suche nach Alternativen. Bekannt ist die Begrasung mittels Kunststoff-Teesieb und Grasfasern. Die Fasern werden durch das Sieb

Endlich geht es an die Feingestaltung der Landschaft mit Büschen und Bäumen.

gerieben und laden sich dabei elektrostatisch auf. Sie fallen durch die Löcher des Siebs und treffen in großer Zahl nahezu senkrecht auf der mit Leim bestrichenen Anlagenfläche auf. Nachteilig dabei ist, dass es eben nur eine gewisse Zahl von senkrecht stehenden Grasfasern sind, die nachher auf der Fläche so stehen, wie wir uns das wünschen.
Nach einem ähnlichen Prinzip »arbeiten« auch die Streudosen von z. B. Noch. Das lässt sich mittels Plastikflasche aus dem Haushalt nachbauen. Einfach eine leere, ausgewaschene und gut getrocknete Kunststoffflasche mit kleiner Dosieröffnung (z. B. Haushaltsreiniger) nehmen und eine geringe Menge der gewünschten Gasfasermischung hineinschütten. Dann kräftig schütteln, wodurch sich die Fasern elektrostatisch aufladen.
Die zu begrasende Fläche kann mit eingefärbtem Kleber eingestrichen werden. Oder man benetzt die Fläche nur mit Farbe (z. B. Dispersionsfarbe), es genügt bereits wenig davon. Dann pustet man das aufgeladene »Gras« über die feuchte Fläche, ruhig dick streuen.
Dann nimmt man einen Staubsauger mit Fugendüse. Über diese Düse wird ein Damenstrumpf gezogen. Nun wird die soeben begraste Fläche abgesaugt. Dabei werden die überschüssigen, nicht von Kleber/Farbe benetzten Fasern aufgesaugt und bleiben zur Wiederverwendung im Strumpf hängen. Die Fasern, die der Kleber/die Farbe benetzt haben, werden durch die Absaugluft aufgerichtet und trocknen so schön stehend fest.

5.1.2. Begraser selbst gebaut

Die dritte und sicherlich beste Ergebnisse liefernde Methode ist der Einsatz eines Elektrostaten – mit den geschilderten, vor allem preislichen Nachteilen. Dass es auch preisgünstig geht, und dabei gute Ergebnisse zustande kommen, hat mir ein Bekannter gezeigt.
Alles, was man dazu braucht, ist eine »elektrische Fliegenklatsche« (Preis im Ramschladen etwa 3,- Euro), ein Teesieb mit einem Siebeinsatz aus Metall, der Griff kann ruhig aus Kunststoff sein (Preise variieren je nach Ausführung zwischen 1 und 9,- Euro) sowie Klebstoff.

5.1.2.1. Fliegenklatsche zweckentfremdet

Zunächst wird die Fliegenklatsche zerlegt, die Batterien entnommen. Die »Schlagfläche« der Fliegenklatsche (wäre es ein Tennisschläger, könnte man vom »Racket« sprechen)

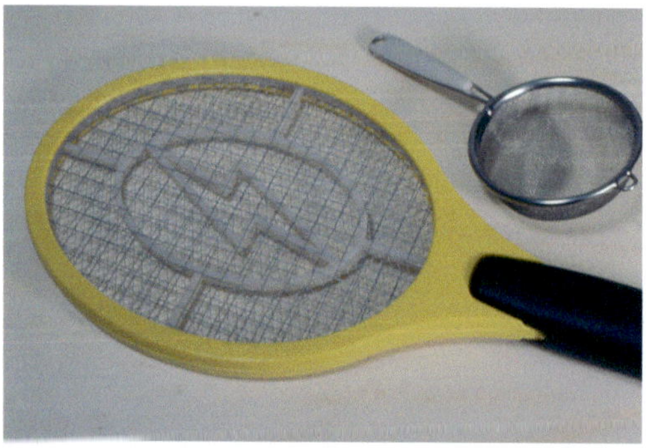

Die sogenannte elektrische Fliegenklatsche wie sie im Haushaltswarenhandel zu erhalten ist. Überraschend schwierig gestaltete sich die Suche nach einem Teesieb mit Metalleinsatz (die Luxusvariante für den stolzen Eurobetrag soll hier außen vor bleiben). Evt. muss man sich eine ähnliche Vorrichtung selbst herstellen.

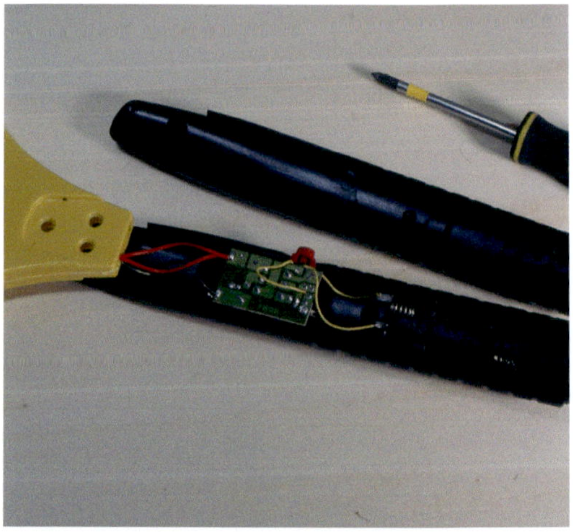

Die Fliegenklatsche ist nur zusammengeschraubt, daher lässt sie sich leicht wieder zerlegen.

wird abmontiert. Dabei werden die beiden Drähte, die die elektrische Verbindung des Metallgewebes der Klatsche mit dem »elektrischen Innenleben« des Handgriffs darstellen, abgetrennt.
Dann wird an das Metallgewebe des Teesiebs ein langer Draht angelötet. Da der Griff des Teesiebs in den Handgriff der Fliegenklatsche passen soll, muss der Siebgriff angepasst werden. Es ist einzukürzen und an passender Stelle sind evtl. zwei Löcher zur Schraubbefestigung zu bohren. Nun gilt es, das Teesieb an der Fliegenklatsche zu befestigen. Mit Klebstoff gelingt das in jedem Fall.
Dann nimmt man einen der beiden Drähte der Fliegenklatsche und verbindet (löten) ihn mit dem am Teesieb angelöteten Draht. Der zweite Draht der Fliegenklatsche wird mit einem möglichst langen Draht befestigt, der günstigerweise am unteren Ende eine Krokodilklemme hat. Dieser Pol wird nämlich beim Begrasen in der Landschaft z. B. an einem Nagel oder einer Schraube, die in die Landschaft gesteckt werden, befestigt und dient als zweiter Pol.
Im nächsten Arbeitsschritt ist Sorgfalt vonnöten. Die beiden Drähte müssen jetzt mit Isolierband umwickelt werden, denn sie müssen gegeneinander isoliert werden. Würden sie sich nämlich im Betrieb berühren, wäre das Gerät zerstört.
Nun wird der selbstgebaute Elektrostat zusammengeschraubt und die Batterien wieder in das vorgesehene Fach eingelegt.
Das Begrasen entspricht dem Vorgehen wie mit einem käuflichen Begrasungsgerät: Die zu begrasende Fläche wird mit Kleber/Farbe eingestrichen, der Draht mit Nagel oder einer Schraube wird in diese Fläche hineingesteckt (als zweiter Pol).
Dann kommt etwas der gewünschten Grasfasermischung in das Teesieb hinein. Man sollte eher weniger als zuviel nehmen, ohnehin würde es nur über das Sieb hinausfallen. Auch die Mischung sollte stimmen, denn gemischte Grasfasern wirken immer besser als eine Wiese, die mit einer einheitlich gefärbten Faserart erzeugt worden ist.

Die aufwendigste Arbeit des Umbaus ist das Einpassen des Teesiebs in den Handgriff der Fliegenklatsche. Der links sichtbare blanke Draht wird mit dem Metalleinsatz des Teesiebs verbunden (verlötet).

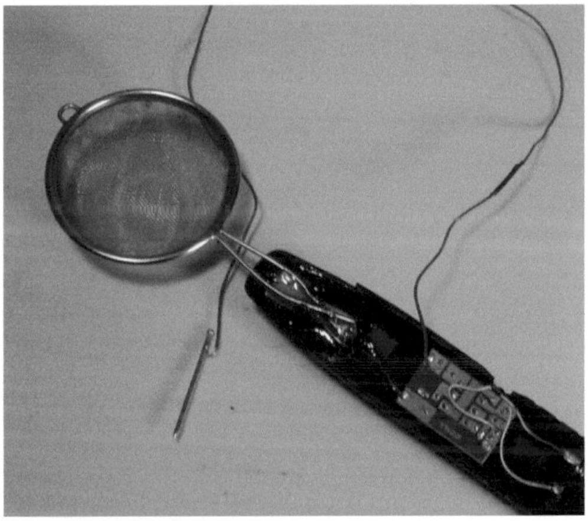

Hier ist der blanke Draht bereits mit dem Teesieb verbunden, der zweite Draht wurde mit einem Nagel verlötet, der sich einfach in der zu begrasenden Umgebung befestigen, also einstecken lässt. Eine Krokodilklemme ist zweifellos eleganter, aber im Grunde nicht nötig. Im Fließtext wird erwähnt, dass die beiden Drähte unbedingt zu isolieren sind, das bezieht sich auf Ausführungen mit zwei blanken Drähten. Hier bei der Ausführung mit nur einem blanken Draht wurde der Deutlichkeit halber darauf verzichtet, dennoch sollte auch der eine blanke Draht mit Isolierband umwickelt werden, zu schnell gibt es wie auch immer einen Kurzschluss und das Gerät wäre zerstört.

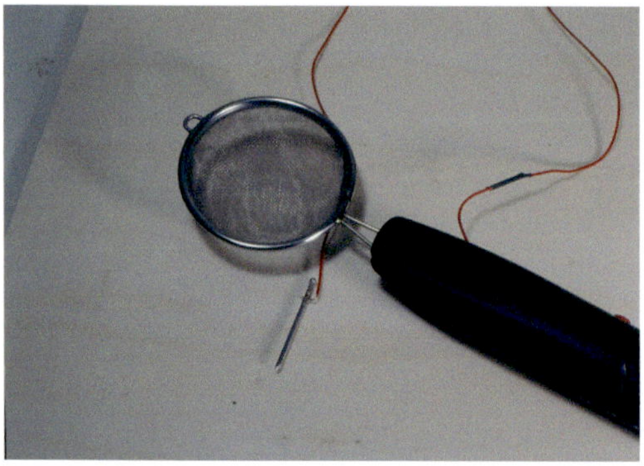

Der fertig gestellte Elektrostat Marke Eigenbau ist einsatzbereit.

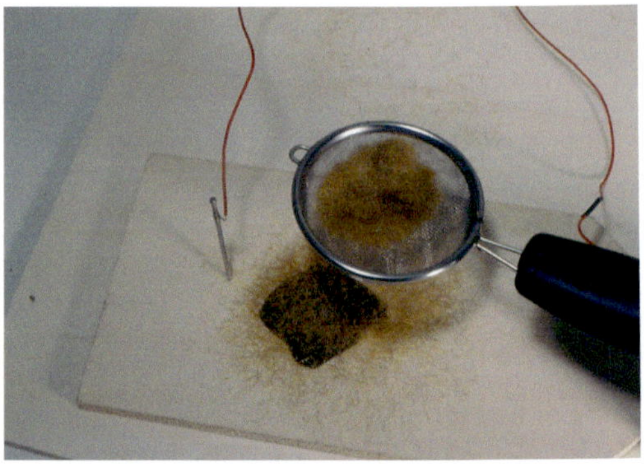

In das Teesieb kommt das Beflockungsmaterial, auf die Landschaftsoberfläche eingefärbter Weißleim und schon kann begrast werden.

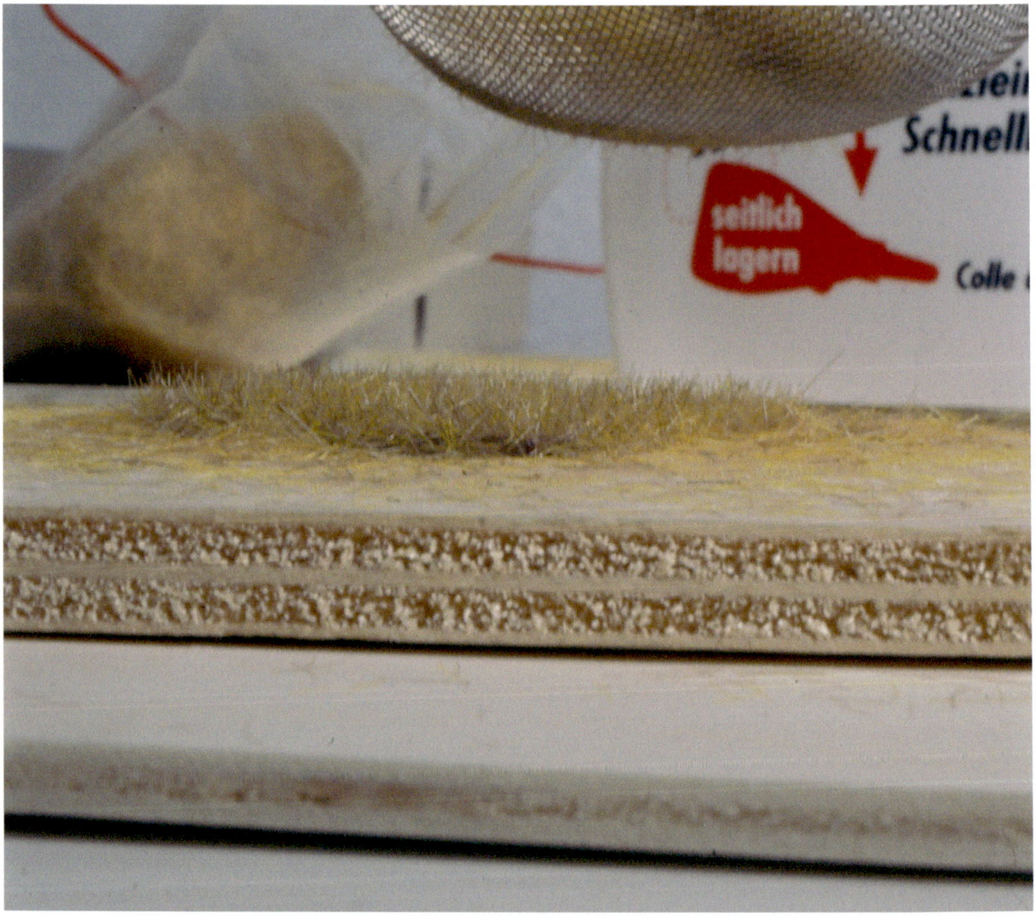

Das Gerät ist immer recht dicht über der zu begrasenden Fläche zu halten. Durch Schütteln des Siebs bei gleichzeitig gedrücktem Knopf treffen die Fasern senkrecht auf die Leimfläche und bleiben, wie im Bild zu sehen, senkrecht stehen. Fertig!

Für den nächsten Schritt drückt man den Knopf am Griff des Geräts und schüttelt das Ganze, dabei führt man es in geringem Abstand über die zu begrasende Fläche. Dabei ist zu beachten, dass die Leistung des Geräts geringer als die eines käuflich erworbenen ist, daher ist stets dicht über der Begrasungsfläche zu arbeiten. Nach dem Trocknen ist die Graslandschaft fertig und hat fast nichts gekostet.

5.2. Wasserläufe im Modell

Da Wasser die Welt da draußen vielerorts bestimmt, nimmt die Nachbildung des nassen Elements auch auf der Anlage naturgemäß großen Raum ein. Freilich hält die Industrie hierfür zahllose Materialien bereit. Die Produktpalette reicht von Folienmaterial mit Wellenstruktur über Granulat, das erhitzt werden muss, um zu »Wasser« zu zerfließen, bis zu dem berüchtigten, weil mehr oder weniger übel riechenden und recht teuren Gießharz.

Im Hinblick auf unser Thema benötigen wir solche Materialien gar nicht, im Hobbyraum oder der Bastelwerkstatt finden wir alles, was wir benötigen. Ein kleiner Bach kann z. B. mit Bootslack nachgestaltet werden. Der hochglänzende Lack bringt einen zuvor passend eingefärbten Untergrund zum Strahlen. Auch mit Unterbodenschutz soll gearbeitet werden. Was wird noch benötigt? Gips, Farben und klarer Alleskleber (z. B. Uhu).

5.2.1. Ein Bächlein

Bäche finden sich auf Modellbahnen aufgrund ihrer Kleinheit wohl öfter als größere Wasserläufe. Bei der Gestaltung eines Bachlaufs ist dem Bachgrund etwas mehr Aufwand angedeihen zu lassen als beim Nachbau eines Sees oder Flusses. Dass das auch schnell zu machen ist, wird nun gezeigt.

Ein See aus der bekannten Seefolie gebaut. Das geht schnell und sieht passabel aus. Marke Eigenbau ist einsatzbereit.

Am einfachsten baut man auf einer Styrodurplatte, in die sich leicht ein Bachbett einschnitzen oder herausarbeiten lässt. Die Verwendung von Lösungsmitteln zu diesem Zweck ist unter den üblichen Vorsichtsmaßnahmen möglich, das Ergebnis ohne Vorversuche aber schwer zu steuern – so mancher Modellbauer hat schon seine ganze Styroporunterlage weggeäzt, bevor er mit der eigentlichen Bachbettgestaltung beginnen konnte. Besser ist es, mechanisch vorzugehen und mit allerlei Messerchen und Spatelchen ein Bachbett zu schnitzen.

5.2.1.1. Bachbettgestaltung

Dann geht es an die Bachbettgestaltung: Das Bachbett wird zunächst nach eigenem Geschmack und eigenen Vorstellungen gefärbt, z. B. mit schlierenförmig aufgebrachtem Grün, Braun und Grautönen, die Kieselchen darstellen sollen. Zur Darstellung bieten sich wiederum Dispersionsfarben an, auch Wasserfarben sind denkbar. Das Bachbett wird dabei nass in nass gestaltet, damit die Farben ineinanderlaufen können.

Der idyllische Wiesenbach ist voller üppiger Wasserpflanzen, das Bachbett wirkt in verschiedenen Brauntönen abgestuft lehmig. Das Unterwasser-Grünzeug lässt sich durch grüne Farben unterschiedlicher Tönung gut imitieren, aber natürlich lassen sich auch alle möglichen Landschaftsdekorationsmaterialien dafür verwenden. Büsche und Bäume wachsen am Wasser oder hängen sogar ins Wasser hinein.

Ein Gebirgsbach z. B. weist im Bett große und kleine Steine auf, Pflanzen dafür nahezu keine, bestenfalls in kleinen Buchten, die von der Strömung nicht direkt durchflossen werden. So mancher vom letzten Hochwasser gefällte Baum verkeilt sich zwischen den großen und kleinen Felsen.

5.2.1.2. Wasserimitat

Nachdem das Bachbett gestaltet ist, wird das Wasser imitiert. Bei Bächlein bietet sich **klarer** Alleskleber (z. B. Tesacoll, Uhu Alleskleber lösungsmittelfrei) an. Wie an anderer Stelle erwähnt, wirkt Schmelzkleber beim Auftragen ebenfalls klar, er trübt aber nach dem Trocknen ein. Der Kleber wird einfach in das Bachbett gefüllt und verläuft ganz von alleine. Natürlich muss man lösungsmittelfreien Kleber nehmen, andernfalls löst sich das mühevoll gestaltete Bachbett auf.

Um lösungsmittelhaltigen Kleber einsetzen zu können, muss das Bachbett vor dem Einfüllen des Klebers mit Gips ausgespachtelt werden, sonst frisst sich der Klebstoff in die Platte. Erst nach dem Gips werden die Details (Farben, Grünzeug, Steinchen etc.) eingebracht. Dann kommt der Kleber drauf.

Wenn die Klebstoffmasse leicht angetrocknet ist, kann man Gischt und Schaumkronen einfärben, z. B. mit einem Wattestäbchen und etwas weißer Farbe. Mit dem Stäbchen wird die Farbe einfach auf die Kleberoberfläche getupft.

Ist alles getrocknet, kommt abschließend eine Schicht Bootslack darauf. Dabei darauf achten, dass ein Produkt auf wasserverdünnbarer Rohstoffbasis genommen wird. Es riecht nicht so streng und entwickelt je nach Produkt keine oder weniger übel riechende Dämpfe. Da der Lack nur langsam aushärtet, kann man die Wasseroberfläche noch gestalten, z. B. mit kleinen Steinchen, die aufgestreut Steine im Bachbett imitieren. Daran bricht sich natürlich das Wasser, der entstehende Strudel und/oder die Schaumkronen werden mit etwas weißer Farbe nachgebildet. Auch kleine Wellen kann man mit einem Spatel in den Bootslack einformen.

Nach dem Trocknen bietet sich eine weitere farbliche Nachgestaltung an. Man kann wiederum mit einem Wattestäbchen zur Ohrhygiene weiße Farbe auftupfen, um Schaum nachzubilden. Mit klarem, farblosem Klebstoff (z. B. Uhu) können weitere Oberflächenstrukturen (z. B. Wasserstau vor einem größeren Stein) erzeugt werden.

Damit ist das Bächlein gestaltet und kann »in ferner Zukunft« einmal weiter ausgestaltet werden, etwa durch Angler, weitere, feinere Pflanzen oder spielende Kinder am Wasser etc.

Ein klarer kleiner Wasserlauf, der in einen Wasserfall übergeht. Gestaltet wurde, wie beschrieben, mit Alleskeber und Seefolienstreifen. Der links unten zu erkennende kleine See besteht übrigens wieder aus Seefolie.

5.2.2. Ein Wasserfall

Zur Nachbildung eines Wasserfalls verwende ich nur klaren, farblosen Kleber und Frischhaltefolien aus dem Supermarkt. Keinesfalls sollte man Schmelzkleber verwenden, der ist zwar in geschmolzenem Zustand klar und durchsichtig, nach dem Festwerden aber ist er trüb und eignet sich nicht als Wasserimitat.

Kleine Folienstücke werden mit farblosem Kleber eingeklebt. Wenn die Folien getrocknet sind, lässt man etwas Kleber drüberlaufen. Gischt und Schaumkronen werden wieder einem Wattestäbchen und weißer Farbe aufgetupft.

Ein größerer Fluss – der wohl nur selten auf der Modellbahn nachgebildet werden dürfte – ist noch einfacher nachzugestalten. Das Flussbett wird mit blauer oder grüner Farbe dargestellt. Das ist möglich, weil man bei einem größeren Fluss ja ohnehin nicht auf den Grund des Flussbetts blicken kann. Und zum Abschluss wird alles mit Bootslack überzogen. Beim Auftragen kann man mit einem Spatel leichte Wellenstrukturen einarbeiten. Nach einiger Zeit oder wenn man an der Anlage weiterarbeiten und sich mit der Detailgestaltung beschäftigen will, stellt das alles eine solide Basis für die weitere Durchgestaltung dar, z. B. mit Modell-Schilf und -Röhricht.

5.2.3. Ein See

Während der See wohl nur größeren Anlagen vorbehalten bleiben muss, kann ein Tümpel oder Teich auch für die schnelle Anlage nachgebildet werden. Am bekanntesten ist

Der Unterbodenschutz wie es ihn im Baumarkt zu kaufen gibt. Mit dem abgebildeten Rakel kann man ihn auftragen, natürlich eignet sich auch ein anderes Instrument dafür. Die Werkzeuge sofort nach Gebrauch reinigen, da der getrocknete Bodenschutz sich kaum mehr rückstandfrei beseitigen lässt.

Der aufgetragene Unterbodenschutz; die Masse bleibt lange bearbeitbar.

Nun sind »Wellen« einmodelliert worden, wie durch den schrägen Lichteinfall erkennbar ist.

Der See im zumeist gewünschten klaren Blau, hier übrigens mit der Spraydose schnell aufgesprüht.

die Nachbildung mit (zumeist ewig nachstinkendem und wegen der kurzen Topfzeit nicht unproblematisch zu verarbeitendem) Gießharz oder der sogenannten Seefolie, z. B. von Faller, die einfach auf einen farblich gestalteten Grund aufgelegt wird.
Wir nutzen aber wieder unsere Hobbywerkstatt, genauer gesagt schauen wir in unsere Garage nach, ob da nicht noch etwas Unterbodenschutz vorhanden ist. Nun wird mancher Modellbahner einwenden, dass das ja ein schwarze pastose Masse ist, wie soll denn da ein Teichgrund gestaltet werden. Korrekt. Bei unserem Teich kann der Teichgrund nicht nachgestaltet werden, weil wir ein trübes Gewässer nachbilden. Es muss ja nicht von Verschmutzungen trüb sein, sondern weil z. B. das Wasser lehmig ist etc. Wir gehen also davon aus, dass man den Grund des trüben Gewässers ohnehin nicht sieht.

5.2.3.1. See aus Unterbodenschutz

Der Unterbodenschutz wird mit einem Spatel oder einem Spächtelchen in dünner Schicht

In Wirklichkeit schillert ein größeres Gewässer in den unterschiedlichsten Farbtönen, je nach Wetter und Spiegelungen, wie diese Aufnahme des Königssees vom Herbst 2008 zeigt.

aufgetragen. Das kann auch auf Styropor- oder Styrodurunterlage geschehen, da Unterbodenschutz das Material nicht angreift oder gar auflöst. Dann werden kleine Wellen einmodelliert, indem man mit dem Spatel wellenförmig ganz kurze Bewegungen in die Masse einbringt. Diese Manipulation führt man dann in verschiedene Richtungen aus, so dass kleine Wellen entstehen. Allerdings sollten die Wellen nicht nur in »eine Richtung« verlaufen, das würde völlig unnatürlich wirken.

Das Material ist längere Zeit bearbeitbar, wenn man mit der Wellengestaltung nicht zufrieden ist, kann man mehrfach den ganzen »See« glätten und mit dem Modellieren von vorne beginnen.

Nach der Trocknung – das kann je nach verwendetem Unterbodenschutz zwischen einigen Stunden und bis zu einem Tag dauern – wird die »Seeoberfläche« im gewünschten Farbton gestrichen, z. B. mit Dispersionsfarben. Es bietet sich ein Hellbraun für schlammige Wasserlöcher an, der Idylliker greift zu Blau oder Seegrün. Nach dem Durchtrocknen wird noch Bootslack aufgetragen, der der Wasseroberfläche ihren Glanz gibt. Bei diesem Arbeitsgang kann nochmals die Wasserbewegung imitiert werden. Damit ist der Teich oder Tümpel fertig und harrt der weiteren Detailgestaltung.

Übrigens: Manchmal wird statt Unterbodenschutz zur Herstellung einer bewegten Wasseroberfläche auch Silikonmasse (zum Abdichten von z. B. Duschkabinen) empfohlen. Das geht im Prinzip genauso, hat aber einen gravierenden Nachteil: Unter Umständen ist es schwierig, Silikon farblich zu behandeln, was ja bei der beschriebene Gewässergestaltung von großer Bedeutung ist (wenn man nicht grade ein Gewässer nach einer Ölpest nachgestalten will). An der Oberfläche mancher, nicht aller Silikonmassen perlt auch Dispersionsfarbe und sogar Lackfarbe evt. ab.

Der Unterbodenschutz ist aufgrund seiner dreidimensional formbaren Masse gut für die Nachbildung eines bewegten Gewässers geeignet. Wer einen ganz ruhig daliegenden See nachbilden will, kann es sich noch einfacher machen: Nach der farblichen Gestaltung des Seegrunds – zur Mitte des Gewässers hin wird der Farbton immer dunkler, von einem hellen Grün zu einem tiefen Blau z. B. – wird in einem abschließenden Arbeitsgang einfach Bootslack dick aufgetragen. Sofort bringt man mit einem Spatel leichten Wellengang ein, indem das Instrument, wie oben beschrieben, mit kurzen, wellenförmigen Bewegungen über den Lack gezogen wird.
Mit der geschilderten Methode lassen sich natürlich auch Pfützen und Wassergräben nachgestalten.
Nach dem Trocknen kann das Ufer natürlich wieder weiter gestaltet werden – wenn man mal Zeit und Lust hat.

5.3. Der Wald

Wer auf seiner Anlage eine größere Fläche »Wald« nachbilden will, erschrickt ob der möglichen Kosten. Man benötigt doch eine höhere Anzahl von Bäumen, wenn der Wald dicht aussehen soll. Die Zubehörindustrie liefert inzwischen wahre Kunstwerke, die aber nun einmal ihren Preis kosten. Es geht aber auch preisgünstiger, etwa mithilfe von Naturmaterialien.

5.3.1. Naturmaterialien

Es gibt eine Reihe von Rezepten. Hier soll die Technik mit den im Frühjahr überall zu findenden Blütenständen des Ahorns demonstriert werden. Dabei handelt es sich um eine fein verzweigte Rispe, an der üblicherweise die Ahornblüten wachsen, nach dem

Ganz einfach wurde ein Ahornblütenstand mit Islandmoos besteckt, für den Hintergrund oder als Buschwerk reicht das vollkommen aus.

Hier als Beispiel das Beflockungsvlies von Woodland (im Vertrieb von Noch). Mit ihm lassen sich einfachste Grundstrukturen wie natürliche Blütenstängel schnell aufwerten.

Verblühen wirft der Baum die Rispen ab und man kann sie leicht aufsammeln. Zunächst einmal müssen die Rispen gut getrocknet werden. Am einfachsten ist es, die Rispen mit Islandmoos zu bestecken – diese einfache Methode kann auch als Buschwerk dienen.

Die Rispen eignen sich aber auch für eine etwas anspruchsvollere Baumbaumethode: Mit Beflockungsvlies (Woodland, Noch etc.) besteckt man die zuvor mit Leim bestrichenen »Äste«.

Generell sollte man ein und denselben Baum nur mit ein und demselben Material belauben. Verschiedene Beflockungsmaterialien an ein und demselben Baum wirken unnatürlich und verhindern die erwünschte und erhoffte vorbildgerechte Wirkung des Gewächses.

Natürlich kann man auch andere geeignete Naturmaterialien verwenden, etwa den Stolzen Heinrich. Der zeitliche Aufwand für einen solchen Baum beträgt kaum fünf Minuten, die Kosten sind sehr gering: das Naturmaterial ist kostenlos, Leim und Beflockungsmaterial (z. B. von Busch oder Noch) nicht teuer.

Beflockungsmaterialien

Laub von Laubbäumen wird seit einiger Zeit mit Beflockungsvliesen, die in unterschiedlichsten Farben und Preisen erhältlich sind, imitiert. Dabei handelt es sich um ein watteartiges Trägermaterial, das mit mehr oder weniger fein nachgebildeten Blättern strukturiert ist. Generell muss es vor der Verwendung auseinandergezupft werden, also dreidimensional geformt werden. Das gestaltet sich je nach Anbieter unterschiedlich schwierig, denn bisweilen ist das Trägermaterial recht störrisch und zu elastisch, springt also in die ursprüngliche Form zurück. Vorteil ist bislang die Optik, die kaum zu übertreffen ist. Daher wurde an dieser Stelle doch auf das industriell hergestellte Material zurückgegriffen.

Generell müssen aus den Blüten- bzw. Blattständen die vertrockneten Blätter entfernt werden. Es kann dann auch nicht schaden, die Samenstände auszulichten, weil das Endergebnis sonst zu dicht ausfällt, was die Optik beeinträchtigen würde. Abschließend mit der Schere, wie beim Ahorn weiter oben, auslichten und versuchen eine »Baumkrone« hinzuschneiden.

Eine Wiesenrispe wie sie im Frühjahr überall am Wegesrand zu finden ist. Nach dem sorgfältigen Trocknen (etwa eine Woche bei möglichst geringer Luftfeuchtigkeit) kann die Pflanze eingeleimt werden. Abschließend wird sie beflockt. Dabei erhält man einen kleinen Busch, der sich überall platzieren lässt.

Wem es jetzt ganz schnell gehen muss, der greift zum Sprühkleber und nebelt den künftigen »Baum« ein. Dann kann schon mit Flokken gestreut werden.

Besser ist es aber, den Baum in eine Weißleim-Wasser-Mischung (dünnflüssig) einzutauchen und das Gewächs dann leicht auszuschütteln, um ein Verklumpen der Beflockung zu vermeiden. Hierbei muss man behutsam und vorsichtig sein, da das Naturmaterial leicht bricht.

Ist das Geäst mit Leim benetzt, kann beflockt werden. Man verwendet am besten Schaumflockenmaterial, das sehr preiswert von verschiedenen Herstellern erhältlich ist. Dabei sollte man zu den passenden Farben greifen, also passend zur dargestellten Jahreszeit, passend zum Farbcharakter der Anlage etc. Generell sind gedecktere Farbtöne zu bevorzugen, weil sie a) realistischer wirken und b) beim Einsatz eines solchen Baums im Hintergrund die Tiefenwirkung nur dann eintritt, wenn das Beflockungsmaterial nicht zu grell gewählt wird. Ein giftgrüner Baum beeinflusst die Optik des Waldes ganz erheblich.

Am einfachsten steckt man die Bäume zum Trocknen in einen Styroporblock.

Mit der beschriebenen Methode kann man aus Ahornrispen auch Gestrüpp, Büsche und Buschwerk einfach und schnell herstellen. Es empfiehlt sich immer ein abschließender Mattlacküberzug, der das Ganze unempfindlicher gegen Erschütterungen macht und noch besser fixiert. Wenn man z. B. beim Richten auf der Anlage mit dem Ärmel an ein solches Büschlein stößt, kann sich dieses ohne Mattlacküberzug u. U. in seine Bestandteile auflösen. Mattlack in der Sprühdose gibt es z. B. in Baumärkten.

5.3.1.1. Echtholz und Tricks

Sehr schöne Ergebnisse erhält man auch durch Verwendung von Ästen in der gebotenen und maßstabsgetreuen Stärke. Man sucht dabei einen möglichst nicht geraden »Stamm«, sondern eher eine etwas verwachsene Form aus. Eine alte knorrige Eiche kann man z. B. durch einen entsprechend behandelten Ast (ergänzendes Einfärben) darstellen. Günstig ist es natürlich, wenn der Ast schon von Natur aus ein paar kleinere Ästchen aufweist, die die Äste des Modellbaums darstellen sollen. Wenn das nicht der Fall ist, hilft man etwas nach, indem man z. B. einige Löcher in den Ast bohrt und passende Ästchen einklebt.

Der Baum erhält von unten einen Nagel oder eine Schlaufe aus Draht in den Stamm gesteckt, mit dem sich der Baum dann auf der Anlage aufstellen lässt. Der Ast wird dann mit Beflockungsvlies beklebt und fertig ist der Baum.

Weitere Tricks helfen, die Illusion eines dichten Walds zu erzeugen: Die Fläche, auf der der Wald zu stehen kommen soll, wird dunkel eingefärbt, wobei der Farbton eine untergeordnete Rolle spielt. Naheliegenderweise orientiert man sich an Vorbildgegebenheiten, also etwa braun oder dunkelgrün. Die dunkle Farbe »schluckt« Licht, also auch Details, die man auf einem hellen Waldboden vermissen würde. Zudem stellt sich beim Betrachter durch die Dunkelfärbung des Bodens die Illusion eines »dunklen Tanns«, wie der Dichter sagt, ein.

Dann sollte das Gelände des künftigen Walds stets von vorne nach hinten ansteigen. Warum? Die ansteigende Form des Waldbodens verkürzt die Fläche optisch, weniger erscheint somit auf einfache Weise als ein Mehr. Man kann Bäume derselben Wuchshöhe verwenden, denn durch das ansteigende Gelände wirken die hinten platzierten Bäume trotz ihrer gleichen Abmessungen höher als die vorderen Gewächse.

Wem die einfachen Bäume am Waldrand dann doch zu einfach erscheinen, der kann ja am Waldrand seine teuren Exemplare pflanzen. Dahinter stehender Einfachwald fällt dann gar nicht mehr auf.

Selbstgebauter Trocknungsständer

Wie erwähnt, besteht der einfachste Trocknungsständer aus einem einfachen Styroporblock. Er hat aber einen kleinen, u. U. ärgerlichen Nacheil: Die Bäume trocknen auf ihm stehend, das heißt, wenn man vielleicht etwas zuviel Klebstoff erwischt hat, dann rinnt die Brühe am künftigen Baum herunter. Besser wäre es daher, den Baum hängend, quasi »kopfüber« zu trocknen. Zu diesem Zweck bastelt man sich einen einfachen »Hängetrockenständer«.

Eine breite Fichtenholzleiste von etwa 30 cm Länge ist mit einer Grundplatte zu versehen, so das sie sicher steht. Länger als 30 cm dürfen Modellbäume nicht werden, weil sie sonst schlicht und ergreifend zu groß sind und die beabsichtigte Wirkung durch falsche Proportionen wieder zerstören.

Im oberen Teil bohrt man Löcher, in die mehrere Dübelhölzer von etwa 10 cm Länge gesteckt werden. Zwischen diese Dübelhölzer werden die Bäume – mit dem Stamm eingeschoben – zum Trocknen aufgehängt. Das geht besonders gut bei den Bäumen nach der Drahtbaumethode, weil diese einen breiten Ständer besitzen.

5.3.2. Methode »Flaschenputzer«

Die Flaschenputzerbäume (in Draht geschlagenen Fasern, die durch Verzwirbeln des Tragedrahts in kreisrunde Form gebogen worden sind) heißen ja nicht umsonst so, erinnern sie doch an grün gefärbte Flaschenreiniger.

Sie sollen wohl Nadelbäume darstellen. Wir machen es uns zunutze, dass sie a) recht preisgünstig zu erwerben sind, und b) dass sie bereits die richtige Grundfärbung – nämlich ein dunkles Grün – aufweisen.

Um sie preiswert aufzumöbeln, benötigt man lediglich Holzleim und Beflockungsmaterial (z. B. Coarse Turf von Woodland). Mit einer

Ein preisgünstig erworbener »Nadelbaum« in Flaschenputzer-Optik (Packung mit 30 Stück für etwa 14,- Euro).

Nachdem man den Baum etwas zurechtgestutzt hat, wird er mit Weißleim betupft. Dafür eignet sich am besten ein Pinselchen.

Beflockungsmaterial wurde in eine Schachtel gefüllt. Darin wälzt man den eingeleimten Baum.

Das Ergebnis ist ein wesentlich besser wirkender Baum als das Ausgangsmaterial erwarten ließ.

Schere versucht man zunächst den Bäumen ihre »Regelmäßigkeit« in der Zweig- und Nadelanordnung zu nehmen. Ziel ist es dabei, einen »unregelmäßig« geformten Baum zu erhalten.

Die »Zweigspitzen« der Flaschenputzerbäume werden zunächst mit Leim bestrichen und dann beflockt. Nach dem Trocknen (im oben beschriebene Trocknungsständer) hat der Modellbahner optisch deutlich aufgewertete und dabei noch preiswerte Nadelbäume (Zum Beflocken bietet sich auch das selbst hergestellte Streumaterial an; siehe Kap. 4.1.2.3).

5.3.3. Methode Baumbausatz

Solche Bausätze gibt es z. B. von Heki. Sie bestehen aus dem Baumrohling aus Kunststoff und Beflockungsmaterial.

Zunächst werden die Äste in die Rohlinge geklebt und das Ganze dann in Ruhe trocknen lassen. Dann sind die Rohlinge in eine dreidimensionale Form zu bringen. Das geschieht durch behutsames Biegen, nachdem man sie mit einem Fön erwärmt hat. Man erreicht den selben Effekt auch durch ein Heißwasserbad, in das die Rohlinge getaucht werden.

Ein Heki-Baumbausatz. Das Gewächs ist zwar für die Baugröße H0 gedacht, wirkt aber mit seinen 8 cm Höhe viel zu niedlich. Der Bau macht Spaß und ist recht schnell erledigt. Man erhält auf alle Fälle preisgünstig einen gut aussehenden, wenn auch (zumindest für H0) zu kleinen Baum.

Da die Farbe der Rohlinge nicht sehr natürlich ist, müssen sie noch lackiert werden. Das geschieht schnell und rationell durch das Tauchverfahren. Dazu nimmt man ein ausreichend großes, besser tiefes Gefäß, in dem mittels Dispersionsfarben die gewünschte »Rindenfarbe« angemischt wird (z. B. aus Grün und Dunkelbraun). Die Mischung darf nicht zu dick- und nicht zu dünnflüssig sein. In zu dicker Konsistenz bleibt sie auf dem Baumrohling haften und bekommt Trocknungsrisse, in zu dünner haftet sie nicht ausreichend und kleckert. Vorversuche sind zweckmäßig, in der Praxis hat sich ein Mischungsverhältnis von etwa 55 % Wasser und 45 % Farbe bewährt.

Nicht zu vergessen ist Spülmittel, das die Farbmischung ausreichend entspannt, so dass sie auf dem Kunststoff des Baumrohlings auch haften kann. Dabei ist darauf zu achten, wirklich nur wenige Spritzer Spülmittel in die Mischung einzubringen, weil man sonst beim Eintauchen des Rohlings und dem Abschütteln der überflüssigen Farbe Gefahr läuft, ein Schaumbad zu erzeugen. Zudem bilden sich zwischen den einzelnen Ästen Seifenblasen, die man zwar durch Pusten entfernen kann, aber man erzeugt dabei eine ganz schöne Farbkleckserei. Danach alles schön trocknen lassen.

Dann widmet man sich dem Beflockungsvlies. Es ist von Vorteil das Vlies in kleine Stückchen von nicht mehr als sagen wir einmal 1,7 mal 1,7 cm zu zerzupfen, denn nur so stellt sich der gewünschte Effekt eines buschigen Baums ein. Beließe man das Vlies am Stück und würde es halt über den Rohling stülpen, sähe das Ganze sehr »platt« und unnatürlich aus.

Die kleinen Stückchen werden dann mit den Fingern »aufgebauscht«, also in eine dreidimensionale Form gebracht. Mit einer Zupfbewegung erzielt man kleine Wölkchen. Nachdem man einige, aber nicht alle Äste des getrockneten Baums mit Holzleim bestrichen hat, werden die Vlies-Wölkchen auf die Äste geklebt. Nach und nach werden alle Äste mit Kleber benetzt und dann beklebt. Nicht alle Äste auf einmal mit Kleber einstreichen, sonst weiß man gar nicht mehr, wo man den Baum anfassen soll, zudem könnte der Kleber trocknen, ehe er mit Beflockungsvlies in Berührung gekommen ist.
Dann sprüht man den Baum mit mattem Lack ein, um das Ganze noch besser zu fixieren. In einem abschließenden Arbeitsgang kann man noch allzu lange Fäden des Vliesmaterials, die aus dem Baum herausragen, einkürzen.

5.3.4. Methode Drahtbaum

Stand bislang die Zeitersparnis im Vordergrund, so wenden wir uns nun der Drahtmethode zu. Sie ist zwar die aufwendigste Baumbau-Methode, sie liefert aber sehr schöne Ergebnisse, und das bei vertretbarem Zeit- und Kostenaufwand. Das Grundmaterial ist leicht zu beschaffen und nicht teuer. Übrigens kann man auch bei dem Beflockungsvlies sparen, wenn man die Angebote der verschiedenen Hersteller vergleicht. Es gibt da unterschiedliche Materialien, die sich je nach Anspruch gut eignen.
Bei der Herstellung von Drahtbäumen gibt es mehrere Erfolg versprechende Rezepte. Sie seien an dieser Stelle skizziert, weil sich beim Baumbau mitunter einiges an Modellbahnkapital einsparen lässt, und das bei gutem und keineswegs »billig« wirkendem Endergebnis.
Der große Vorteil der Drahtmethode ist es, dass Form und Größe des Baums frei wählbar sind, man kann also selbst bestimmen wie groß das Endprodukt werden und wie es aussehen soll. Eines ist klar: Etwas für die ganz schnelle Baumherstellung ist dieses Rezept nicht, dafür ist es aber ein Weg zu preisgünstigen Bäumen.

5.3.4.1. Was wird benötigt?

Werkzeuge

- Seitenschneider, mit dem der Draht abgezwickt werden kann
- Flachzange, zum Greifen
- Lötkolben (30 Watt genügen vollauf) mit Lötzinn
- Schraubstock, es genügen auch einfache, kleine Ausführungen
- Schale oder ähnliches **flaches** Behältnis
- Topf oder ähnliches **tiefes** Behältnis
- Schere
- Pinsel (kein Borstenpinsel, weil zu hart)

Baumaterial

- Draht mit einem Durchmesser von etwa 0,6 mm. Es genügt billiger Eisendraht aus dem Baumarkt; natürlich kann man auch den weicheren Kupferdraht nehmen, der kostet aber etwas mehr.
- wasserfester Holzleim (der Leim kommt bei der Baumethode mit Wasser in Berührung und sollte daher wasserfest sein);
- Dispersionsfarbe (ist in kleineren Fläschchen erhältlich, kostet dann aber mehr als im größeren Gebinde; es genügen Grün- und Brauntöne, die ja auch beim weiteren Gelände- und Landschaftsbau von Nutzen sein werden);
- Vogelsand oder anderer Sand, der gerade greifbar ist;
- Beflockungsmaterial nach Wunsch und persönlichem Geschmack;
- Sprühlack zum Fixieren des Endprodukts; man kann z. B. auch einfaches Haarspray nehmen, wenn es der Partner nicht merkt.

Das Prinzip ist deutlich: Drähte werden verdrillt und zur Baum-Spitze hin immer wieder auseinander gezogen, sozusagen verästelt. Die Dicke des Baumstamms hängt von der gewünschten Baumkrone ab; das heißt, je

größer die Baumkrone werden soll, umso mehr Drähte müssen verwendet werden, der Stamm wird also umso dicker. Natürlich können auch nach Fertigstellung des Baums und seiner Krone noch nachträglich zusätzliche »Äste«, also Drähte, in die Krone hineingelötet werden, um das Ganze noch dichter zu machen. Man sieht also: Die Drahtbaumbaumethode ist sehr flexibel.
Die Anzahl der zu verdrillenden Drähte ist auch abhängig vom einzusetzenden Beflockungsmaterial. Generell gilt, je feiner das Beflockungsmaterial, umso mehr Drähte müssen verdrillt werden.
Wie immer sind erste Vorabversuche von Vorteil.

5.3.4.2. Die Baumgröße

Wie hoch soll so ein Baum werden? Für die Baugröße H0 hat sich eine endgültige Höhe zwischen 14 und 24 cm (ganz gleich welche Baumart) bewährt, das entspricht einer realen Höhe von 12 bis über 20 m. Das sind schon gewaltige Bäume. Natürlich kann man auch darüber hinaus gehen, aber davon wäre im Sinne der Proportionalität abzuraten. Extreme sollten bei einer Anlage immer vermieden werden, also weder zu hohe noch zu niedrige Bäume.
Verwendet der Modellbahner nur wirklich hohe Bäume, also in Baugröße H0 z. B. ca. 30 cm (in Wirklichkeit wären das also knapp 26 m Wuchshöhe), so wirkt die Landschaft wie aus

Eine durchschnittlich alte Tanne mit Mensch (unten in der Mitte) zum Größenvergleich. Mit dem Lineal (auf dem Foto natürlich) ermittelt man eine Wuchshöhe von etwa 22 m, was im H0-Maßstab immer noch stolze 25 cm sind. Wer hat zuhause auf der Anlage solche Bäume? Eben!

Ein knapp 40-jähriger Ahorn (laut Inschrift in der zugehörigen Kapelle, diesmal ohne Vergleichsmensch) als Beleg dafür, dass das Laub im Herbst an ein und demselben Baum höchst unterschiedliche Farbtöne aufweist. Eine Anregung für die Nachgestaltung im Modell ist es allemal.

Gullivers Reisen, nämlich zu niedlich. Das andere Extrem tritt ein, wenn die Bäume alle wie soeben der Baumschule entwachsen wirken. Auch das wäre sehr unrealistisch. Es macht also keinen Sinn Vorbildgegebenheiten direkt auf die Modellbahn zu übertragen, vielmehr wählt man die Größe passend zur Anlage.

Der Übersichtlichkeit halber seien die Wuchshöhen üblicher heimischer Bäume in der nachfolgenden Tabelle für die gängigen Baugrößen aufgelistet. Die gewaltigen Dimensionen der Bäume gerade im Modellmaßstab macht das Gesagte nochmals deutlich:

Baugröße	Baumart	Max. Wuchshöhe in m	Max. Modellhöhe in cm
	Birke	20 m	
Z			10
N			14
TT			17
H0			22
0			46
	Eiche	Bis zu 45 m	
Z			20
N			28
TT			37
H0			52
0			103
	Buche	34-40 m	
Z			15-18
N			21-25
TT			28-33
H0			39-46
0			78-92
	Kiefer	20-30 m	
Z			10-13
N			14-19
TT			17-25
H0			22-34
0			46-69
	Fichte	30-35 m	
Z			13-16
N			19-22
TT			25-29
H0			34-40
0			69-80

5.3.4.3. Ein Rohling entsteht

Nach diesen Vorüberlegungen, geht es wieder zurück zum eigentlichen Baumbau, zunächst zum Laubbaumbau. Mit dem Seitenschneider werden die Drähte nun abgelängt, anschließend werden sie unten, also an der »Wurzel«, zusammengebunden. Dafür eignet sich eine Drahtschlaufe, die eng um die Drähte geschlungen wird. Sie hat die Aufgabe, das noch lose Drahtbündel fest zusammenzuhalten.

Dann nimmt man das Drahtbündel und spannt es gut 2 cm tief in die Backen des Schraubstocks ein. Nun werden die Drähte verdrillt, indem man per Hand oder mithilfe einer Zange das Drahtbündel um die eigene Achse dreht. Angepackt wird das Drahtbündel an der Stelle, an der später die erste Verzweigung sitzen soll. Somit entsteht also der Stamm des Baums.

Aus den in den Schraubstock eingespannten etwa 2 cm Draht wird nach der Entnahme

Mit einer Drahtschlaufe, die per Zange zusammengedrillt wird, hält das Drahtbündel fest zusammen.

Zum Einspannen dient ein kleiner Schraubstock. Alternativ wäre auch ein Eindrücken des Drahtbündels in ein ausreichend großes, aber doch enges Loch in einem Brettchen denkbar.

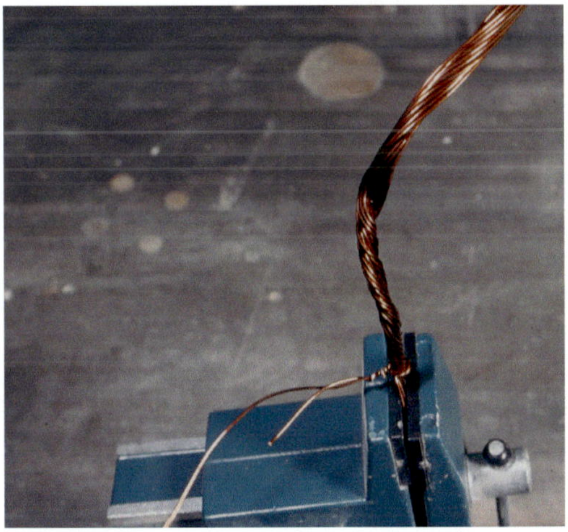

Die Drähte werden von Hand verdrillt, dabei entsteht diese Struktur.

des verdrillten Drahtbündels ein Standfuß gebogen, z. B. indem zwei Schlaufen gebildet werden. Das ist nach dem Einbau in die Landschaft nicht mehr zu sehen, garantiert aber eine gute Standfestigkeit.
Noch aber ist der Baum im Schraubstock zu belassen. Nach dem ersten Verdrillen des Stamms widmet man sich den Ästen und Zweigen. Nun werden die Äste verdrillt, indem man mehrere Drähte zu Ästen verdrillt und dann vom Stamm wegführt. Das geschieht nach allen Richtungen, so dass nach und nach eine Baumkrone entsteht.
Natürlich muss man üben, bis so ein Baum zur eigenen Zufriedenheit aussieht. Man könnte sich z. B. an Vorbildfotos orientieren, um dem entstehenden Baum entsprechende Formen zu geben.

Baumähnliches Aussehen

Ist nach einigem Verdrillen eine ausladende Baumkrone entstanden, werden die überstehenden Einzeldrähte abgezwickt und zur evt. späteren Verwendung als zusätzliche Äste in der Krone beiseitegelegt oder gleich eingebaut.

Dann geht es darum, dem Baum ein »baumähnliches« Aussehen zu geben, d. h. die verdrillten Einzeldrähte zu kaschieren. Die Äste werden mit Lötzinn verlötet, sodass die Einzeldrähte nicht mehr erkennbar sind.
Etwas aufwendiger ist das Kaschieren des Stamms und der dickeren Äste. Sie zu verlöten würde viel zu viel Lötzinn erfordern. Daher werden der Stamm und die dickeren Äste mit wasserfestem Holzleim bestrichen und sofort mit dem Sand bestreut. Dabei aufpassen, dass der Leim nicht schon getrocknet ist. Diesen Arbeitsschritt wiederholt man evt. mehrfach, und zwar über der eingangs erwähnten Schale, in die überschüssiger Sand zur Neuverwendung zurückfällt. Diese Arbeit führt zu einer »Baumrindenstruktur« des Baums.
Manche empfehlen den »Baumstamm« statt mit der Weißleim-Sand-Methode komplett mit Lötzinn zu überziehen. Das mag zwar sauberer sein als mit Leim und Sand zu arbeiten, allerdings ist die Farbgebung hinterher nicht so unproblematisch. Das ausgetretene Lötfett könnte unter Umständen eine einfache Farbgebung mit z. B. Wasserfarben ver-

Nach den Ver- und Aufdrillen des Drahtbündels ist ein Baum mit einer lichten Krone entstanden. Mit einem Seitenschneider werden Überstände gekürzt, der Baum ausgelichtet.

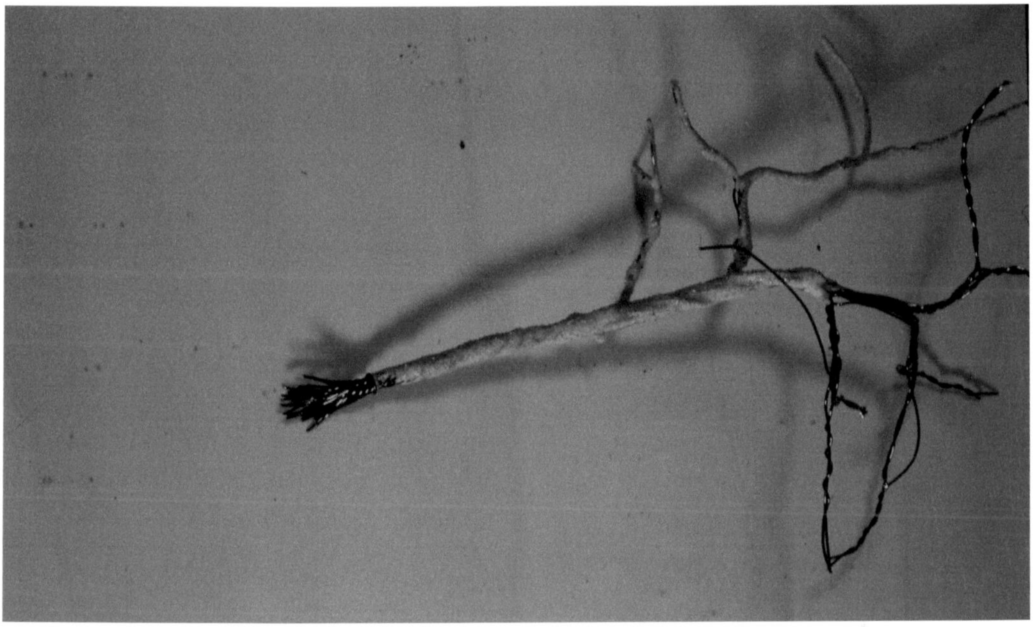

Dann kann der Rohling mit Weißleim bestrichen und anschließend besandet werden.

hindern, die Farbe hält auch nicht so gut und dauerhaft wie auf einer Rinde, die nach der oben beschriebene Weißleim-Sand-Methode hergestellt worden ist.
Dann wird der Rohling zum Trocknen aufgehängt, z. B. im oben erwähnten Trocknungsgerüst.

Die Baumrinde

Im nächsten Arbeitsschritt erhält der Rohling einen Anstrich mit Dispersionsfarbe im gewünschten Farbton, also irgendwo zwischen Braun und Grün. Mit dem Pinsel erledigt man diese Arbeit rasch und unter relativ sparsamem Farbverbrauch und recht sauber. Man kann den Rohling natürlich auch in einen Topf mit Farbe tauchen und dann über einem Küchenpapier abtropfen lassen. Das geht zwar schneller, aber man kleckert dabei ganz schön herum.
Nun lässt man den Baumrohling gut trocknen, danach geht es an das Beflocken des Baums. Übrigens: Wer eine Winterlandschaft darstellen will, wäre jetzt schon fertig, denn der Baum sieht jetzt schon aus wie eben Bäume im Winter aussehen: kahl. Vielleicht hier und da noch etwas weiße Farbe, fertig ist das Wintergehölz.

Das Belauben

Die meisten Modellbahner stellen aber die Vegetationsperiode auf ihrer Anlage dar. Das Beflocken geschieht am einfachsten mit den preisgünstigen Islandmoosbüscheln, die auf die Äste geklebt werden. Wer diese Beflockungsart bevorzugt, kann sich das feine Verästeln durch Verdrillen, wie oben beschrieben, sparen. Denn die Islandmoosbüschel kaschieren und verdecken die Äste weitgehend.
Von Vorteil ist es, keine zu großen Büschel aufzukleben, sondern das Islandmoos in kleinere Teile zu zerlegen. Damit vermeidet man, dass das Endergebnis zu regelmäßig und damit unnatürlich wirkt. Durch die Aufteilung in kleinere Büschel erhält man ein viel unregelmäßigeres Erscheinungsbild des fertigen Baums.
Eine alternative Methode besteht darin, anstatt Islandmoosbüschel das nicht so preis-

Abschließend erfolgt die Begrünung des besandeten und mit brauner Dispersionsfarbe bestrichenen Baums mit Beflockungsvlies.

günstige Foliage-Material beispielsweise von Woodland oder Heki zu verwenden. Es besteht aus einem haarfeinen Gespinst, ähnlich einem Haarnetz, auf das das eigentliche Beflockungsmaterial, also die »Blätter«, aufgebracht worden ist. Vor dem Aufkleben ist auch dieses Material in kleinere Stücke zu zerlegen, weil ansonsten der damit beflockte Baum zu »platt« und unnatürlich wirken würde. Das Gespinst ist vor dem Aufkleben auch »aufzubauschen«, also mit den Fingern dreidimensional zu machen, indem man es auseinanderzieht.

Dann klebt man die nach der beschriebenen Prozedur entstandenen Wölkchen in den Rohling ein. Als Kleber dient wasserfesten Holzleim.

Beim Kleben arbeitet man stets von unten nach oben, es ergeben sich durch dieses Vorgehen von fast allein natürlichere Strukturen, als wenn man von oben nach unten vorginge. Warum? Wenn von unten nach oben geklebt wird, überlagert die nachfolgende Foliage-Schicht stets die vorhergehende, untere. Und wie in Wirklichkeit entsteht nach und nach ein der Schwerkraft unterworfener Baum, bei dem ja auch die oberen Zweige z. T. auf den unteren ruhen bzw. in diese hineinreichen. Kurz: es sieht sehr viel natürlicher und wirklichkeitsnaher aus als ein Baum, dessen Beflockung von oben nach unten vorgenommen worden ist.

Das Fixieren

Natürlich macht erst die Übung den Meister, die ersten Exemplare werden ihren Erbauer u. U. noch nicht zufrieden stellen. Aber man lernt ja aus missglückten Taten und im Hintergrund fällt so ein evt. verhunztes Stück gar nicht weiter auf. Es sieht auch durchaus gut aus, wenn Bäume, die in unterschiedlicher Machart (z. B. mit Islandmoos und Foliage) entstanden sind, unmittelbar nebeneinander gepflanzt werden. Denn wie in der Natur selbst ist Unregelmäßigkeit die Regel, die zum Erfolg führt.

Ganz zum Schluss sprüht man im einfachsten Fall Haarspray oder einen anderen Fixierer über den fertigen Baum, der das Kunstwerk haltbar macht. Der Duft im Falle der Verwendung von Haarspray verfliegt recht schnell, evt. kann man diese Prozedur auch unter freiem Himmel – zumindest bei geöffnetem Fenster – vollziehen.

5.3.4.4. Nadelbäume

Wie Nadelbäume auf Flaschenputzerbasis rasch und preiswert aufgemöbelt werden können, wurde weiter oben gezeigt. Auch Nadelbäume können mit der Drahtwickel-Methode, wie sie für Laubbäume skizziert worden ist, leicht selbst hergestellt werden.

Die Zutaten ähneln denen bei der Herstellung von Laubbäumen:

- 1-mm-Draht aus gut lötbarem Metall (z. B. Kupfer)
- 0,6-mm-Draht aus gut lötbarem Metall (z. B. Kupfer)
- Holzleim (wasserfest)
- Vogelsand
- Dispersionsfarbe
- Lötzinn und Lötkolben (mindestens 40 Watt Leistung)
- Hilfsvorrichtung aus Holz

Fakirs Brett

Die Hilfsvorrichtung ähnelt einem »Fakirbrett«, also das nagelgespickte Bett eines Asketen. Es besteht aus einem rechteckigen Brettchen, ca. 10 x 30 cm messend. In der Mitte wird ein Leistchen montiert, das den Stamm des Nadelbaums aufnimmt, am einen Ende klebt man eine Wäscheklammer, die die Wurzel festhält, am anderen Ende bilden

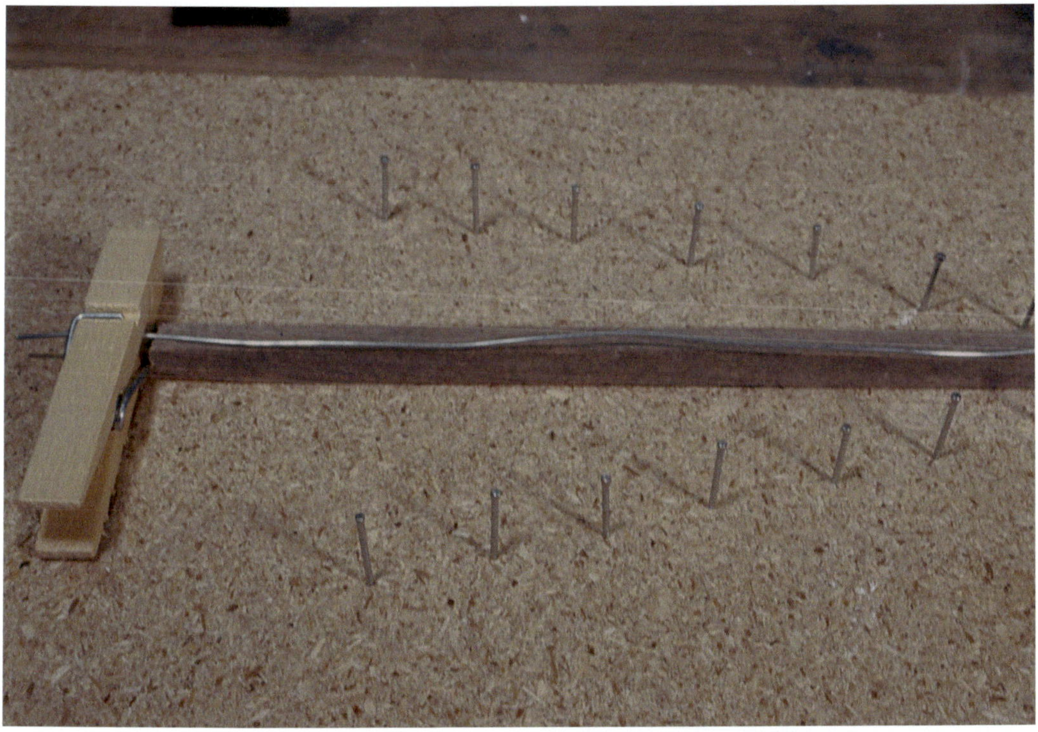

Das erwähnte Fakirbrett. Man erkennt die in Baumform eingeschlagenen Nägel und das Leistchen, auf dem der Draht ruht. Die Wäscheklammer fixiert die Wurzel.

Nun wird der Draht um die Nägel herumgeschlungen und man erkennt, was das werden soll. Bei der Größe des Baums orientiert man sich an der Tabelle über die Baumgröße in diesem Buch.

Nun wird der zweite Draht, der den Stamm bildet, aufgelegt und mit dem ersten Draht und den Drahtschlaufen sorgfältig verlötet. Übrigens: Beim Kauf des Drahts unbedingt darauf achten, dass das Material auch wirklich lötbar ist. Es gibt nämlich auch »Kupferdraht«, der mit einer Art Kunststoff überzogen ist, der jegliche Lötversuche verhindert.

zwei eng zusammen stehend eingenagelte Nägel den anderen Fixpunkt.

Nun werden, wie auf einem Nagelbrett, Nägelchen eingeschlagen, um die dann die Astdrähte herumgefädelt werden. Die Nägel bilden sozusagen die äußeren Enden des künftigen Nadelbaums. Sind die Nägel eingeschlagen, kneift man ihre Köpfe ab, damit später der fertig gelötete Baum leicht entnommen werden kann.

Den Stamm bildet ein 1-mm-Draht, dessen eines Ende in die Wäscheklammer und das andere Ende um die beiden eng zusammenstehenden Nägel eingespannt wird. Den 0,6-mm-Draht wickelt man nun um die Nägelchen herum, sodass das ganze schon ein baumartiges Aussehen erhält.

Nun wird ein zweiter 1-mm Draht auf den ersten Draht, der den Stamm bildet, gelegt und mit reichlich Lötzinn werden beiden Drähte zu einem Stamm verlötet. Wichtig ist, dass sie die Drahtschlaufen umschließen.

Jetzt kann der Rohling dem Nagelbrett ent-

Der fertig besandete und gefärbte Rohling ist zum Benadeln bereit.

nommen werden. Mit einem Seitenschneider kneift man die Schlaufen an den Nägeln auf und schon ist der Baum »frei«. Allerdings ist das gute Stück jetzt noch ein zweidimensionales Gebilde. Das ändert man, indem die Äste in alle Richtungen vom Stamm wegweisend umgebogen werden.
Die weiteren Arbeiten umfassen nun das Einleimen des Stamms und der Äste mit Weißleim und das Bestreuen mit Vogelsand über einer Schale – wir kennen den Vorgang schon. Nach dem guten Durchtrocknen kann der Baum mit Dispersionsfarbe gestrichen werden. Damit ist der Rohling fertig und wartet auf das Beflocken.

Belaubung mittels Teppich

Allerdings ist die Belaubung problematisch, denn im Gegensatz zu den Laubbäumen, bei denen man mit preisgünstigem Industriematerial sehr schöne Ergebnisse erzielen kann, gibt es bislang kein m. E. preisgünstiges »Benadelungsmaterial«. Für das Buch wurde mal herumexperimentiert, wobei ich auf einen alten Hochflorteppich gestoßen bin, der eigentlich weggeworfen werden sollte.

Nun wird mit den Teppichstückchen der Baum benadelt. Die grünen Flusen wirken als Baumnadeln recht gut. Beim Abschneiden des Materials darauf achten, dass noch etwas Trägermaterial an den Flusen verbleibt, da sie sonst in Einzelteile zerfallen.

Die Struktur und Beschaffenheit des Flors erinnert an einen Nadelbaum. Natürlich lässt sich darüber lange diskutieren, denn die Interpretation des Materials durch den Autor ist rein subjektiv. Es soll ein Versuch sein, ein – in diesem Fall sogar kostenloses – Material zum Nadelbaumbau heranzuziehen. Das nur vorab.

Der Wollfaden-Baum

Ehe wir zum Benadeln kommen, soll an dieser Stelle noch eine weitere preisgünstige Nadelbaum-Selbstbaumethode skizziert werden. Hinzu gesellt sich auch noch die Wollfaden-Methode, die hier kurz angerissen werden soll. Man benötigt:

- Blumenbindedraht (ca. 0,7 mm im Durchmesser)
- Wolle (Farbe egal)
- Vogelsand
- Zange oder Seitenschneider
- Weißleim (wasserfest)
- alter Hochfloorteppich

Man nimmt etwa 20 Drähte (ca. 30 cm lang) und umwickelt sie an einem Ende mit einem Stück Wollfaden, so dass sie einen gewissen Halt haben. Einige Drähte sollten gut 2-3 cm nach unten herausragen, aus ihnen wird später die »Wurzel« gebildet.

Dann verteilt man Weißleim entlang der Drähte und beginnt sie mit dem Wollfaden zu umwickeln. Der Faden bildet nachher die Rinde.

An der Stelle, wo später Äste sitzen sollen, werden einzelne oder auch zwei Drähte aus dem Bündel herausgezogen, ehe Wollfaden über die Stelle gewickelt wird. Die herausgeführten Drähte werden miteinander verzwirbelt, wenn man eine Kiefer darstellen will, die ja bekanntlich relativ wenige Äste besitzt. Die Äste darstellenden Drähte lässt man unverdrillt, wenn eine Fichte oder Tanne mit relativ vielen Ästen nachgebildet werden soll.

Dabei darauf achten, dass keine Regelmäßigkeit in der Astabfolge entsteht, vor allem sollten die Äste »in alle Richtungen« gerichtet sein, also keine scheibenartige Form bilden.

So verjüngt sich der Stamm Stückchen um Stückchen nach oben hin. Denn immer wieder führen Zweige weg. Schließlich liegt der mit Wollfaden fertig umwickelte und mit diversen Ästen versehene Nadelbaum vor uns. Aus den am unteren Ende hervorstehenden Drähten wird eine »Wurzel« geformt, indem man immer zwei Drähte miteinander verdrillt und das Schlaufenende mit dem Seitenschneider (respektive Kneifzange) abgezwickt.

Nun können die Äste in der Länge angepasst werden, unten etwas weiter ausladend als oben.

Wenn man braune Wolle verwendet hat, könnte man unter Umständen bereits mit der Baumrinde zufrieden sein. Andernfalls muss der »Baumstamm« mit Weißleim bestrichen und mit Sand bestreut werden – wir kennen den Vorgang ja bereits. Da Nadelholz eine recht helle Rinde aufweist, reicht die Besandung aus, andere Modellbahner färben die getrocknete »Sand-Rinde« nach dem Trocknen im gewünschten Farbton nach.

Damit steht der fertige Nadelbaum-Rohling vor uns. Nun gilt es, diesen zu benadeln. Wie weiter oben bemerkt, gibt es zwar im Fachhandel »Nadeln«, also Beflockungsvlies, zu kaufen. Man kann aber auch mit einem alten Teppich glücklich werden.

Der im Beispiel verwendete Teppich ist blau – leider. Gut daran ist, wer einen grünen Florteppich sein Eigen nennt, oder besser nannte. Denn dem guten Stück geht es jetzt an den Kragen. Büschelweise wird der Hochflor herausgeschnitten und in das »Geäst« des Baums geklebt.

Wer grünen Teppich verwendet, ist damit schon mit dem Baumbau fertig. Wem die Farbe der »Nadeln« nicht gefällt, färbt das Teppichmaterial. Nach einigen Experimenten bin ich wieder bei Dispersionsfarben gelandet, die auf dem Kunststoffmaterial gut haften und matt auftrocknen.

Zugegeben, so toll wie ein Baum aus den üblichen einschlägigen Publikationen sieht unser Tannenbäumchen nicht aus, dafür hat er auch nur einen Bruchteil des Preises gekostet und Spaß hat der Bau auch noch gemacht. Aber es ist ja auch gar nicht unser Ziel gewesen, mit den Topprodukten der Modelbahnindustrie zu konkurrieren, wie oben bemerkt. Wir wollten ja aus den üblichen Utensilien unsere schnelle Anlage herstellen.

Das Einpflanzen

Die gute Wirkung eines Walds hängt in hohem Maße vom der Anordnung der Bäume zueinander ab und weniger von der Menge der Einzelbäume. Weiter oben haben wir als Motto »weniger ist mehr« auf die Fahnen geschrieben. Das stimmt auch jetzt noch. Viel wird schon erreicht, wenn man es vermeidet, Bäume zu gleichmäßig etwa wie in einer Monokultur zu pflanzen. Jede Form von Regelmäßigkeit zerstört die gewünschte Wirkung. Besser ist das, wenn man Bäume in natürlichen Gruppen setzt; mal ein Grüppchen da, mal ein Grüppchen dort. Unterschiedliche Wuchshöhen sind dabei durchaus wünschenswert. Dazwischen, also zwischen den einzelnen Baumgruppen, kommt Grünzeug zu liegen.

Das Endergebnis – eben »Wald« – stellt sich ein und man benötigt nicht so viele Einzelbäume wie bei einer allzu gleichmäßigen Verteilung.

6. Hochbauten

Nachdem die Landschaftsgestaltung abgeschlossen ist, wendet sich der Modellbauer in der Regel den Hochbauten zu. Will sagen, den Häusern und anderen Bauwerken. Auch da lässt sich viel selber machen, und zwar nicht aus Bausätzen.

Einmal mehr liefert das Vorbild beste Anregungen für Hochbauten im Modell. Gerade auf Nebenstrecken sind immer noch hübsche Bauten für unsere Zwecke zu finden, wenngleich die Gebäude beim Vorbild häufig nicht mehr bahntechnisch genutzt werden. Für den preisbewussten Nachbau bieten sich Karton und Balsaholz an. Mit diversen Mauerpapieren der Zubehörindustrie lassen sich unterschiedliche Oberflächenmuster nachbilden. Der Individualist greift zu Styropor, überzieht es mit Gips und ritzt die Mauerfugen ein.

6.1. Werkstoffe

Die Bauwerke unserer Modellbahn bestehen in der Regel aus Kunststoff, besser gesagt aus Bausätzen, die mit Klebstoff zusammengesetzt werden. Mittlerweile sind alle Preiskategorien vertreten. Mit günstigen Einsteigermodellen, etwa von Piko, erhält man einen Grundstock an universell verwendbaren Gebäuden.
Will man seine Gebäude aber schnell selbst bauen, bieten sich einige Methoden an: Holz, Karton und Gips sowie Styrodur sind die einfach zu beschaffenden Rohstoffe des Modell-Häuslebauers.

6.1.1. Holz

Wer seine Häuser aus Holz bauen will, dem möchte ich Balsaholz empfehlen, das sehr leicht zu bearbeiten ist und in unterschiedlichen Stärken z. B. im Bastelzubehörhandel, aber auch bei Modellbauversendern (z. B. Conrad) erhältlich ist. Ein Lokschuppen z. B. ist rasch hergestellt. Die Fassade ist mit weißer Dispersionsfarbe gestrichen, Fachwerk wird einfach mit einem wasserfesten Stift (z. B. Edding 8000 oder der im Kapitel zum Gleisbau vorgestellte Edding 4000) aufgemalt. Für die schnelle Anlage reicht das aus. Später kann man dann das Gebäude natürlich noch verschönern, z. B. mit Mauerpapier bekleben und weitere Details wie Regenfallrohre (aus Trinkhalmen z. B.) versehen.

6.1.2. Kartonmodellbau

Kartonmodellbau, wie ihn Großvater betrieben hat, ist zeitweilig aus der Mode gekommen. Heute sind die meisten Modellgebäude aus Kunststoff. In den vergangenen Jahren gesellten sich dann Architekturmodelle aus gelasertem Karton hinzu, die jedoch nicht als preisgünstig zu bezeichnen sind. Dabei besitzt Karton respektive Papier unschätzbare Vorteile, die heute leider in Vergessenheit geraten sind.
Solche Gebäudemodelle sind aber für den preisbewussten Anlagenbau sehr interessant, denn sie sind preiswert, um nicht zu sagen günstig. Ein Bahnhof unter zehn Euro z. B. dürfte im Kunststoffsektor kaum zu finden sein. Kartonmodelle sind aber mindestens ebenso haltbar, wenn man sich nicht gerade auf sie draufsetzt oder etwas drauffallen lässt. Der Zusammenbau ist relativ einfach zu bewerkstelligen, das notwendige Werkzeug gibt es ganz sicher in jedem Durchschnittshaushalt. Und wer es noch detaillierter haben will, der kann relativ einfach die Modelle aufwerten.

6.1.2.1. Zeitersparnis

Der große Vorzug solcher Modelle aber ist neben der Preisgünstigkeit die Möglichkeit der Zeitersparnis, was ja unser gewünschtes Ziel ist. Für gewöhnlich ist ein Kartonmodell schneller zusammengebaut als ein vergleichbar großes Kunststoffmodell. Rasch erhält man auf diese Weise ein vollständig »bebautes« Bahnhofsareal mit Bahnhofsgebäude, Stellwerk, Nebenbauten, Güterschuppen, Wasserturm etc.
Wer sich bislang nur mit Kunststoffmodellbau beschäftigt hat, weiß, wie schnell da ein Hunderter den Besitzer wechselt. Darum Vorhang auf für ein vergessenes Stück Modellbau.
Die Zahl der Anbieter ist – seien wir höflich – überschaubar und umfasst z. B. Kartonmodelle von Auhagen (Vertrieb von Stipp), Heki oder Schreiber um die bekanntesten zu nennen. Für Modellbahnzwecke sehr interessant ist das Angebot der polnischen Firma Swiat aus Rybnik (Adresse im Anhang), das sehr preisgünstig ist. Im Sortiment finden sich zahlreiche bahnspezifische Bauten, darunter sogar eine – mit etwas Bastelgeschick mechanisch funktionsfähig baubare – Drehscheibe (!) für den Bruchteil der Kosten üblicher Anlagen einschlägiger Hersteller. Auch als Halbreliefhäuser, wie z. B. von Stipp (allerdings im Maßstab 1:200) in großer Auswahl im Angebot, erzielen Kartonmodelle im Hintergrund optische Tiefe.

Eine Auswahl an Kartonmodellbögen aus dem Handel

6.1.2.2. Werkzeug

Was benötigt nun der ambitionierte Kartonmodellbauer? Da viel geschnitten wird, empfiehlt sich eine festere Arbeitsunterlage – optimal ist natürlich eine professionelle Schneidunterlage, aber z. B. eine alte Glas- oder harte Kunststoffplatte tun es auch. Wieso hart? Die Einzelteile des Kartonmodellbaubogens werden ja mit einem Messer ausgeschnitten, das auf weicheren Oberflächen Schnitte, Ritzen und Kerben hinterlässt. Mit der Zeit entsteht so auf der Schneidunterlage eine wilde Mondlandschaft, die saubere und gerade Schnitte durchaus beeinträchtigen kann – leicht rutscht das Messer in eine »alte Riefe« und schon ist der beabsichtigte Schnitt verhunzt. Auf harten Oberflächen wie einer Glasplatte hingegen hinterlässt das Messer auch bei starkem Einsatz schwerlich Riefen und Schnittspuren.

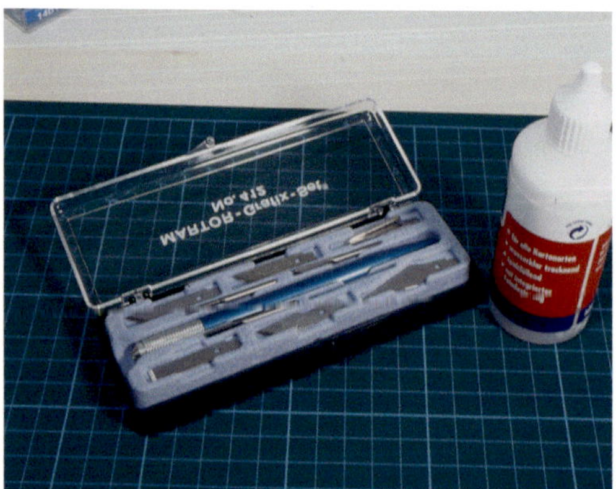

Eine professionelle Schneidunterlage nebst Kartonmodellbaukleber und Schneidwerkzeug

Ein teures Cuttermesser auf dem Kreativbedarf nimmt auf lange Sicht das Schneiden auf einer Glasplatte übel. Da wäre der Einsatz einer professionelleren Schneideunterlage die bessere Lösung. Aber wer mit einem einfachen, preisgünstigen Bastelmesser aus dem Baumarkt zu Werke geht, macht nicht viel

kaputt. Sollte die Klinge stumpf sein, wird sie abgebrochen oder ersetzt.
Als nächstes ist eine Papierschere zu empfehlen, evt. sogar mehrere Exemplare in verschiedenen Größen. Damit werden die Bögen grob zerteilt, Teile grob zugeschnitten. Geschärft sollte die Schere aber schon sein, damit der Karton sauber zerteilt wird und die Kanten nicht etwa ausfransen, was u. U. unschön aussehen kann.
Zum Schneiden langer Schnitte empfehlen sich ein natürlich ebenfalls scharfes Bastelmesser und ein Stahllineal, an dem das Messer entlanggeführt wird (bei Verwendung eines Kunststoff- oder Holzlineals läuft man Gefahr in das Lineal hineinzuschneiden). Mit dem Bastelmesser lassen sich auch z. B. Fensteröffnungen oder andere Details heraustrennen.
Viele Teile werden gefalzt, also nicht ausgeschnitten, sondern von der Rückseite her angerissen, sodass sie leicht gefaltet werden können. Hierfür eignet sich eine sogenannte Reißnadel mit »stumpfer Spitze«.
Mit einer Pinzette kann man kleine Details anbringen oder genau platzieren. Praktisch ist eine Ausführung mit breiten Greifern, die das Papier nicht beschädigen können (im Gegensatz zu den spitzen Greifbacken z. B. der sogenannten Festhaltepinzette).

Klebstoffe

Ganz wichtig ist das Thema Klebstoff. Kartonmodelle werden stets mit **lösungsmittelhaltigem** Klebstoff (z. B. Uhu-Alleskleber) verklebt. Wer lösungsmittelfreien Klebstoff wie z. B. den bekannten Schul- und Bastelleim verwendet, erlebt ein böses Erwachen: Dieser Kleber weicht die zu verklebenden Bauteile auf und wellt sie, sodass das Gebäude verformt wird. Es gibt speziellen Karton-Bastelleim (z. B. im Angebot von Scheuer & Strüver oder Greven, Adressen im Anhang), dieser Klebstoff zieht keine Fäden (wichtig für ein sauberes Ergebnis) und trocknet matt auf, sodass keine glänzenden Klebekanten das Erscheinungsbild stören.
Der große Vorzug des Alleskleber ist es, verschiedenste, vor allem unterschiedliche Materialien miteinander zu verkleben. Das ist z. B. Holzleim nämlich nicht immer die erste Wahl.
Sehr gute Ergebnisse erzielt man mit gewöhnlichem Holzleim (also Holzkaltleim wie z. B. Ponal). Er ist nach dem Abbinden farblos und hat den Vorteil, andere Materialien nicht anzugreifen, wie es evt. Alleskleber auf Lösungsmittelbasis u. U. tut, z. B. bei Styropor. Ein weiterer Vorzug des Holzleims ist seine im Vergleich zum Alleskleber längere Abbindezeit, die Zeit zum Korrigieren lässt. Das ist wichtig bei großen, flächigen Verbindungen. Bei solchen Verbindungen kann sich auch der Einsatz von Sprühkleber lohnen, der schnell große Flächen miteinander zu verbinden gestattet. Allerdings muss man aufpassen, dass beim Sprühvorgang nicht zuviel eingenebelt und damit klebrig wird.
Abzuraten ist vom Einsatz von Sekundenkleber, der in diesem Einsatzfeld (saugende Oberfläche) eher die Finger als die Materialien verklebt.

Weitere Hilfsmittel

Die weiteren Werkzeuge hängen natürlich von den Erfordernissen des jeweils zu bauenden Modells ab. In erster Linie denkt man dabei an Rundmaterialien (evt. kegelförmig, aus Holz oder Metall), mit denen z. B. Kamine gerollt werden können. Klemmvorrichtungen dienen zum Fixieren des Modells bis zum Abbinden größerer Klebungen. Als Klemmvorrichtungen können z. B. Wäscheklammern dienen oder aber Klemmpinzetten oder zwei simple Holzklötzchen, zwischen die das Einzelteil eingeklemmt werden kann; auch die Verwendung einer »Dritten Hand« kann sich lohnen.
Fester Karton dient zum Verstärken von Wänden oder Klebungen, zu diesem Zweck empfiehlt sich auch die Verwendung von z. B. Draht. Beim Verstärken von z. B. Seitenteilen empfiehlt sich Karton mit 250 g je m^2. Die Grundplatte kann man z. B. mit 310 g je m^2 verstärken.

Folgende Tabelle hilft bei der Auswahl des Kartons:

Gewicht in g je m²	Stärke in mm	Anwendung für
250	0,35	Seitenwände, Herstellung von Klebewinkeln
270	0,38	Zu öffnende Türen, Fenster
310	0,44	Grundplatte, Dach
330	0,47	Grundplatte, Dach
350	0,5	Fensterlaibungen

Verstärken von Vorlagen

In der Regel müssen Kartonbausätze nicht durch Hinterkleben mit Karton/Pappe verstärkt werden. Denn die auf Karton oder festem Papier gedruckten Bögen sind in den Baugrößen Z, N und TT stabil genug; und auch in der Baugröße H0 reicht die Festigkeit aus. Lediglich bestimmte Bauteile, etwa Treppen, benötigen eine Verstärkung, um die vorbildgerechte Wirkung zu erlangen.

Was bietet sich zum Verstärken an? Da wird man im Haushalt fündig: Man kann allerlei Verpackungsmaterialien verwenden, z. B. Paketkarton, Schuhkartons, Karton eines Schreibblocks oder Verpackungskarton für Bettwäsche etc.

Ein ideales, weil leicht bearbeitbares und dennoch festes Verstärkungsmaterial sind sogenannte Kapa-Platten, also Hartschaumplatten, die beidseitig mit Karton beschichtet sind (nicht zu verwechseln mit den Kapa-Mount-Platten, die für den Trassenbau weiter oben vorgestellt werden). Erhältlich sind sie z. B. bei Anbietern für Werbematerialien, für Künstlerbedarf, Bastelläden und wenn man Glück hat, gibt es sie auch mal im Baumarkt.

6.1.2.3. Der Zusammenbau – Schritt für Schritt

Dem Zusammenbau geht das Studium der Bauanleitung voraus. Problematisch ist das allenfalls bei den Modellen der polnischen Firma Swiat. Bislang stieß ich hier nur auf polnischsprachige Anleitungen, was nicht weiter verwundert. Bei komplizierteren Modellen wie der Drehscheibe sollte man die Bauanleitung schon zu Rate ziehen, um keinen Schiffbruch zu erleben. Wer also im Freundeskreis keine Übersetzungshilfe findet, sollte erst einmal mit anderen Modellen erste Erfahrungen machen, ehe er sich an einen Swiat-Bausatz macht. Wer schon einige Erfahrungen hat, kriegt ein solches Modell auch ohne Anleitung zusammen, die beiliegende Bauzeichnung dürfte da wohl ausreichen.

Das Ausschneiden

Bevor die Teile ausgeschnitten werden, versichert man sich anhand der Bauanleitung, von welcher Seite das betreffende Bauteil gefalzt werden muss: ob von innen (der unbedruckten Seite) oder außen (der bedruckten Seite). Für gewöhnlich wird von außen her gefalzt. Muss von beiden Seiten her gefalzt werden, ist das vor dem Ausschneiden zu erledigen, weil man dann noch genügend Material zum Falzen hat.

Dann werden die benötigten Teile grob und großzügig mit der Schere ausgeschnitten. Ab nun wird eigentlich nur noch mit dem Bastelmesser (Reißnadel) und dem Stahllineal gearbeitet. Mit dem Bastelmesser wird das Bauteil auf der Linie angeritzt und erst in einem zweiten oder besser dritten Durchgang ganz abgetrennt. Das verhindert, dass das Bauteil durch einmaliges, mit hohem Druck ausgeführtes Schneiden beschädigt wird oder man gar mit dem Messer abrutscht.

Das Falzen

Für den ungeübten Falzer ist es ratsam, erstmal an einem Abfallstück das Falzen – das Knicken oder Falten eines Papier-/Pappewerkstücks mittels eines Hilfsmittels – zu üben. Die Knickkante wird mit dem/der entlang des Stahllineals geführten Bastelmesser/der Reißnadel ausgeführt, dabei wird das Material nur leicht eingeritzt. So entsteht eine Kante, über die das Bauteil geknickt, also gefalzt wird.

So weit so gut. Was aber geschieht mit den beim Knicken entstehenden sichtbaren, in der Regel hellen Kanten am Werkstoff? Vor dem weiteren Zusammenbau lassen sich diese mittels Holz-Farbstift oder auch Filzstiften im passenden Farbton (Vorversuche sind auch hier zweckmäßig) verdecken. Optimale Ergebnisse erzielt man durch Verwendung eines Aquarellstifts in dunklen, grauen Farbtönen. Auf die Kante aufgetragen, lässt er helle Kanten optisch verschwinden.

Das Zusammenfügen

Dann werden die Einzelteile zusammengefügt. Ganz gleich welchen Kleber man verwendet (siehe obige Ausführen zum Thema Klebstoff bei Kartonmodellen), vorzuziehen ist Klebstoff in einer Darreichungsform, die feines Kleben ermöglicht. Dass das mit dem Spatel aus dem Leimtopf nicht gelingt, dürfte verständlich sein. Generell ist der Kleber sparsam aufzutragen, um ein Überquellen der Klebenaht zu verhindern.

Sehr gut geeignet sind Kleber in Tuben mit kleiner Kanüle für sparsames und feines Dosieren. Es gibt (etwa bei Greven) speziellen Kleber für Kartonmodelle, der natürlich optimal geeignet ist. Wer den Holzleimtopf verwenden will, greift zur Einwegspritze aus Kunststoff, mit der sich auch zähflüssiger Leim sehr fein und sparsam auftragen lässt. Nach dem Zusammenpressen hält eine solche Klebeverbindung in der Regel bereits recht fest. Dennoch lässt sie sich nochmals trennen, falls man doch noch etwas korrigieren will.

Unscheinbares Häuschen aus Karton, zudem schnell gebaut.

Verfeinerungen

Für gewöhnlich sieht ein solches Kartonmodellhaus schon mal ganz gut aus. Möglichkeiten es feiner zu detaillieren, kommen mit der Zeit fast von alleine. Mit Draht lassen sich Dachrinnen und Fallrohre imitieren, mit diversen Gestaltungsmaterialien Grünzeug am Gebäude nachbilden. Feine Holzleisten imitieren aus dem Mauerwerk ragendes Dachgebälk.

Noch mehr an Struktur gewinnt das Kartonmodell, indem die Fenster im Mauerwerk vertieft dargestellt werden. Dazu trennt man vor dem Zusammenbau des Gebäudes das Fenster mitsamt dem Fensterrahmen aus dem Wandteil heraus. Von innen wird auf das Wandteil ein Karton mit etwa 1 mm Dicke und dem passenden Fensterausschnitt aufgeklebt, er imitiert die Laibung des Fensters. Wie bei Kunststoffbausätzen wird nun das zuvor auf ein Kartonstück geklebte Fenster von hinten eingesetzt. Nun sitzt es tiefer im Mauerwerk.

Natürlich lässt sich das Modell mit Farben weiter verfeinern, z. B. mit einfachen Wasserfarben, die nicht zu nass aufgetragen werden. Zum Abschluss kann man das Gebäude noch mit Mattlack überziehen. Es nimmt den bisweilen störenden Glanz des Kartonmodells.

Diese Kartonmodelle sind durchaus für den Modellbahner zu empfehlen. Rasch und preisgünstig ist die Anlage mit Gebäude ausstaffiert. Und wer besonderen Wert auf hochdetaillierte Modelle legt und seine Kartonmodelle daher in späterer Zeit durch Kunststoffmodelle ersetzen will, kann die Kartonhäuser immer noch als Hintergrundmodelle weiter verwenden. Bei einem Betrachtungsabstand von mindestens 30 cm ab der Anlagenvorderkante dürfte die Kartonbauweise nicht mehr sofort ins Auge springen.

Kostenlose Modelle

GleiMo z. B. bietet allmonatlich einen kostenlosen Download von einfach zu bauenden

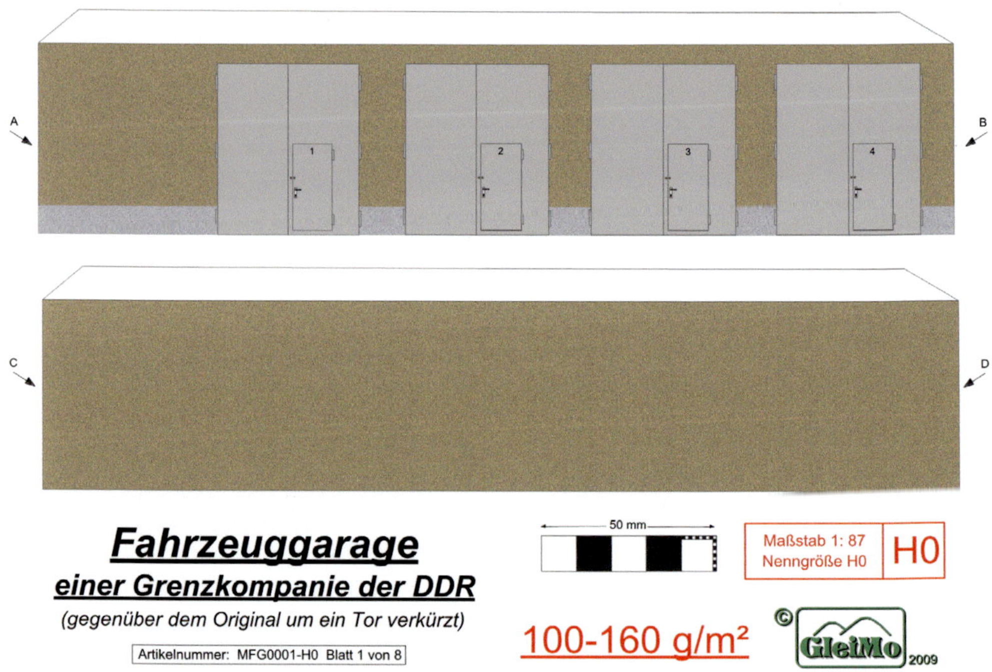

Ein kostenloser Download von GleiMo

Bastelbögen an (unter http://www.gleimo.de/download/download.php). Gedacht ist dabei an Anfänger, die sich die ersten Sporen im Kartonmodellbau verdienen wollen.
Die heruntergeladenen Dateien müssen DIN-A-4-füllend ausgedruckt werden, damit der Maßstab eingehalten werden kann.
Bei einem Ausdruck auf üblichem Büro-Druckerpapier von 80 g/m² wird das Ganze aber etwas dünn. Daher muss hier mit Karton – wie oben beschrieben – z. B. mit Karton zwischen 210-300 g/m² verstärkt werden.
Wer einen hochwertigeren Drucker sein eigen nennt, kann mit diesem die Vorlage evt. sogar auf festerem Papier mit 250 g/m² ausdrucken. Meines Wissens gibt es aber auch Tintenstrahldrucker, die ein Ausdrucken auf Papier bis zu 220 g/m² ermöglichen.

6.1.3. Bauwerke aus Gips

Eine günstige Alternative für den Modellbauer stellen Bauten aus Gips dar. Im Bild vorgestellt werden ein Tunnelbogen sowie ein kleiner Lokschuppen. Alles was man benötigt ist Styropor/Styrodur, Gips und Ritzwerkzeuge wie eine Reißnadel, Schraubendreher, Stemmeisen etc.
Für den Tunnelbogen wurde ein Styroporkern (allerbilligstes Verpackungsmaterial) im benötigten Maß ausgeschnitten und (auch der Tunnelausschnitt, das Gewölbe) mit Gips überzogen. Dafür wurde einfacher Elektrikergips (Topfzeit etwa 5 Minuten) mit einem Spachtel etwa 3-5 mm dick aufgetragen und sofort glatt gezogen. Zum Glätten eignet sich z. B. eine Traufel (Blatt zuvor befeuchten). Wem der Umgang mit Schnellgips zu stressig ist, verwendet Modellgips (Topfzeit z. B. Moltofill gut 20 Minuten).

6.1.3.1. Das Ritzen

Nach einer Stunde ist der Schnellgips durchgetrocknet und man kann anfangen Strukturen einzuarbeiten. Modellgipsverwender müssen etwas länger warten. Mit einer

Der Tunnelbogen besteht aus einem gipsüberzogenen Styroporkern. Die Strukturen wurden mit der Drahtbürste eingebracht, dann wurden die Fugen geritzt. Abschließend wurde alles mit Wasserfarben nass in nass bemalt.

Den aufgetragenen Gips zieht man glatt. Es schadet nicht, wenn der Gips, wie hier erkennbar, beim Ritzen noch feucht ist, man kann dann leichter arbeiten.

Mit einer Reißnadel oder wie hier mit einem einfachen Schraubendreher können Fugen ins »Mauerwerk« eingeritzt werden.

Drahtbürste lässt sich z. B. die glatte Wand aufrauen, mit der Reißnadel ritzt man dann die Steinfugen ganz nach Belieben ein. Mit dem Stemmeisen oder Schraubendreher ist es möglich, auch einmal größere »Schäden« in der allzu wohlgestalteten Mauer einzubringen.

Man kann regelmäßige Fugen einritzen, wem es beliebt, der ritzt auch mal unregelmäßig. Das geht schnell und gibt ein gutes Ergebnis.

Dann wird alles abgestaubt und schon kann der Farbauftrag beginnen. Der Tunnelbogen wurde ausschließlich mit Wasserfarben nass in nass bemalt. Die Farben trocknen matt auf und wirken recht realistisch, Dispersionsfarben sind etwas zu kräftig und müssen nachmattiert werden. Aber das ist Geschmackssache.

6.1.3.2. Ein kleiner Lokschuppen

Nach demselben Prinzip ist auch (ein Teil) des kleinen Lokschuppens entstanden. Ein Styroporkern wurde in Form des Wohnhauses geschnitzt und mit Gips überzogen. Dann, nach dem Trocknen, wurde wieder geritzt: Oben die Dachschindeln (da dürfen auch mal welche fehlen), am Gebäude die Steinfugen, die Fenster wurden vertieft und ausgeschabt, sie werden nachher einfach schwarz angelegt, das Fensterkreuz mit weißer Farbe angedeutet. Man kann noch Details anbringen, z. B. eine windschiefe Türe (fester Karton mit Gipsüberzug). Dann erfolgt die Farbgebung, wieder mit Wasserfarben. Weitere Details vervollständigen den Blickfang, z. B. Gebüsch.

6.1.4. Mauerwerk aus Alufolie

Für die Nachbildung einer gemauerten Wand – beispielsweise eine Stützmauer im Einschnitt oder vor einem Tunnel – bietet die Industrie Material in großer Auswahl an. Darunter sind auch Formen zum Selbstgießen von Mauerwerk aus Gips.

Problematisch wird es aber, wenn man eine gebogene Mauer bauen will. Man kann z. B. die Silikonform zum Ausgießen mit Gips leicht gekrümmt geformt platzieren, ehe der Gips hineinkommt. Bleibt aber immer noch die Anschaffung der Gussform. Mit Knetmasse und dem auf S. 79 ff beschriebenen Verfahren kann man natürlich auch Wände abformen und selbst im gewünschten Bogen abgießen.

Sehr einfach kommt man zu gekrümmt verlaufenden Wänden mittels Alufolie aus Mutters Küche und einer alten Zahnbürste. Eine Mauer aus dem Zubehörsortiment, die einem besonders gefällt, sei es, weil sie schön geformt ist, sei es, weil die Steine so herrlich unbehauen wirken – egal. Die Mauer dient nun sozusagen als Matritze. Man legt die Alufolie auf die Mauer und reibt mit der Zahnbürste kräftig auf der Folie herum, bis sich die Strukturen der darunter liegenden Mauerplatte durchdrücken. Schon hat man eine perfekte Kopie der Mauerplatte.

Das Wohnhaus am kleinen Lokschuppen besteht aus Gips, der Lokschuppen aus Balsaholz.

Mit Alufolie aus der Küche lässt sich eine gekrümmte »Mauer« gestalten. Als Vorlage dient eine Hartschaummauer aus industrieller Fertigung.

Mit der Zahnbürste reibt man die Mauerstrukturen durch die Alufolie.

Damit ist eine Kopie des Hartschaummauerwerks entstanden. Allerdings muss man nun behutsam mit der Kopie umgehen, die Strukturen »zerfallen« leicht.

Die Mauerwerk-Kopie eingebaut. Hier wurde ein brauner Farbton gewählt. Am besten eignen sich Sprühfarben, da man mit dem Pinsel die Strukturen u. U. wegdrücken kann.

Jetzt muss die Folie sehr vorsichtig behandelt werden, weil die Strukturen rasch zerstört werden könnten. Die Folie mit der Mauerstruktur stellt im Prinzip ein Stück Mauer dar, das in beliebigen Krümmungen und Bögen verwendet werden kann. Man kann sie einfach einbauen und z. B. einkleben. Allerdings ist das Material empfindlich, ein Loch rasch hineingestoßen, aber das dürfte ja wohl nur sehr unwahrscheinlich sein. Vor dem Einbau sollte man die Folie noch farblich im passenden Ton nachbehandeln, z. B. mit Sprayfarben oder mit dem behutsam geführten Pinsel.

6.2. Hintergründiges

Um der Anlage eine gute Tiefenwirkung zu verleihen, ist das Anbringen eines entsprechenden Hintergrunds unabdingbar. Natürlich sollte er zum Anlagenthema passen, also nicht das Alpenglühen als Hintergrund für ein Hafenthema. Selbst eine gelungen gestaltete Modellbahnanlage verliert an Wirkung, wenn eine bunte Tapete den Abschluss nach hinten bildet. Auch wenn hinter der Anlage das Nichts lauert – will sagen, gar kein Abschluss vorhanden ist – und sich der Blick im Raum verirrt, zerstört das unter Umständen die erhoffte Wirkung.
Die erwünschte Illusion vom ausgeschnittenen Teil Wirklichkeit kann sich ja nur dann einstellen, wenn wir wie in einem Guckkasten einen Teil der Realität unter modellbauerischen Gesichtspunkten nachstellen. Einfluss von außen wie Heizungsrohre, grelle Tapeten oder Gegenstände, die nicht zur Modellbahn gehören wie Pflanzen oder Skulpturen u. Ä., wirken im wahrsten Sinne des Worts »realitätsfern« und zerstören die mühsam erstellte Illusion.

6.2.1. Hintergrundmontage

Nun kann man zum großen Angebot der Industrie greifen, wo sich eine große Auswahl findet. Es gibt beliebig verlängerbare Hintergründe mit Alpen- oder Stadtmotiv, auch einfache Wolkenhintergründe sind im Angebot. Generell werden Hintergründe möglichst mit einem Abstand von etwa 10 cm zur hinteren Anagenkante angebracht, das sorgt zusätzlich für Tiefe. Günstig ist es auch, die Hintergrundkulisse an den Ecken abzurunden, weil eine Kante im Wolkenhimmel oder den Alpen unnatürlich wirkt.
Hintergrundkulissen finden sich z. B. im Angebot von Auhagen, Faller, Peco und Vollmer; reine Industriekulissen gibt es beispielsweise von MZZ, Fassaden von Stipp (im Vertrieb von Auhagen). Man kann die aus Papier oder Pappe bestehenden käuflichen Hintergrundkulissen auf Hartfaserplatten oder festeren Karton aufziehen und an der Unterkonstruktion der Anlage oder an der Wand anbringen. Auch die Befestigung auf den bereits an anderer Stelle erwähnten Kapa-Platten ist denkbar, z. B. kann das 5-mm-Material für abgerundete Ekken gut gebogen werden.
Keine Frage, die Anlage gewinnt sehr durch einen passenden Hintergrund. Allerdings: Ganz so einfach ist das Anbringen nämlich nicht, man benötigt schon die Hilfe eines weiteren Modellbahners oder Helfers.
Am einfachsten ist es natürlich, die Kulisse wie eine Tapete auf die Wand zu kleben. Manche Kulissen besitzen Ränder vom Drucken, die zuvor natürlich abgeschnitten werden müssen. Die Hintergrundkulisse wird dann auf Stoß geklebt.
Was aber passiert, wenn zwei Teile einer Kulisse aufeinandertreffen? Jenseits der Befestigungspunkte stehen die Kanten hoch. Günstig ist es daher, die einzelnen Teile der Kulisse zunächst untereinander zu verkleben, ehe man die ganze »Rolle« auf die Wand klebt. Man legt die Kulissenteile hierfür auf den Boden, wer einen Tapeziertisch besitzt, nutzt natürlich diesen. Die ersten beiden Teile werden mit der Bildseite nach oben hingelegt und an den Kanten genau ausgerichtet. Nicht immer passen die Übergänge ganz genau, da muss schon mal etwas hin- und hergeschoben werden.

Stimmen die Bildübergange, fixiert man sie oben und unten mit ganz kleinen Fitzelchen Klebeband. Nun wird das Ganze umgedreht und die Übergangskante mit Paketband verklebt. Die fertig bearbeiteten Teile werden aufgerollt und sind so leichter umzudrehen. Nach und nach schließt man die Teile an die Rolle an.

6.2.1.1. Verstärken des Papiers

Wenn man aber die Wand nicht bekleben will? Generell sollte das bedruckte Papier eines Hintergrunds in den Bereichen, in denen es an der Wand befestigt wird, verstärkt werden. Da man es in solchen Fällen für gewöhnlich mit Reißzwecken oder Nägeln an der Wand befestigt, kann unter Umständen, etwa beim Hantieren mit den einzelnen Teilen der Kulisse, das Papier einreißen. Bewährt hat es sich, die Bereiche, die mit Reißzwekken an der Wand befestigt werden sollen, mit Tesafilm oder besser: durchsichtigem Paketband (z. B. von 3m) zu verstärken. Man klebt es natürlich von hinten auf die Kulisse auf, da das glänzende Klebeband die Optik beeinflussen könnte. Eine durchgestochene Reißzwecke schlitzt dann das Papier auch bei unvorsichtigem Hantieren nicht mehr auf. Eine solchermaßen vorbehandelte Kulisse lässt sich z. B. auch durch Leisten, die an die Kante der Kulisse genagelt werden, an der Wand befestigen.

Wenn aber keine Wand da ist, muss man die Kulisse auf eine Platte aufkleben. Da kann man mit Kleister wie beim Tapezieren arbeiten, oder man greift zum Sprühkleber und klebt die Kulisse auf.

6.2.1.2. Hintergrund aufgesprüht

So weit so gut. Nicht immer passt die perspektivische Darstellung der käuflichen Kulissen zur Anlage. Wenn das der Fall ist und der Modellbahner sich nicht damit abfinden will oder er etwas ganz Individuelles haben will oder eben Freude am Selbermachen hat, malt er sich seine Hintergrundkulisse selber. Im einfachsten Fall greift man zu einem Tapetenrest und Sprühfarben aus dem Baumarkt. Die Tapete sollte nicht stark konturiert sein, am besten ist sie ungeprägt. An Farben bieten sich weiß, hellblau und gelb an. Mit den Sprühfarben legt man einen einfachen Verlauf von einem hellblauen Himmel über weiß (immer noch Himmel) und diesige »Entfernung« bis zu gelb (Widerschein der Oberfläche im Sonnenlicht) an. Wer das nicht glaubt, schaut an einem hellen Tag einfach mal in die Ferne: oben ein blauer Himmel, der nach und nach in Weiß übergeht; der Horizont geht dann in ein helles Gelb über.

Das genügt als erste einfache Hintergrundkulisse. Wer will, kann weiter machen: An unteren Rand kann man mit Wasserfarben die Silhouette einer Hügelkette in Blaugrau aufmalen. Die Silhouetten von Gebäuden und Bäumen sind auch möglich, müssen sich aber farblich etwas von den Hügeln abheben, z. B. durch ein etwas dunkler gehaltenes Blaugrau.

Generell muss man bedenken: Die Ausführung der Kulisse sollte farbintensiv sein, wenn die dargestellten Landschaftsteile in der Nähe liegen oder sie sollten blasser wirken, wenn sich das Dargestellte in weiterer Entfernung befindet, dieser »Dunstkreis« erzeugt zusätzliche Tiefenwirkung. Es reicht dann weiter Entferntes nur noch der Silhouette nach, also abstrahiert darzustellen.

6.2.1.3. Hintergrund mit dem Pinsel

Statt Sprühfarben kann man auch zum Pinsel greifen. Man nimmt z. B. Dispersions- oder Wasserfarben, die nicht viel kosten, aber natürlich klappt es auch mit Aquarellfarben. Beim Selbstmalen sollte aber die Tapete als Grundlage zunächst in reinem Weiß gestrichen werden (z. B. mit der Rolle aufgetragen). Generell sollte man sich beim Selbermalen nicht mit Details aufhalten, sondern »großzügig« über das Papier flitzen, Ziel ist es eine scherenschnittartige Anmutung zu erreichen. Am besten verwendet man einen flachen breiten Borstenpinsel, mit dem die Farben zügig aufgetragen und ineinandergearbeitet werden. Eine Mischpalette aus einfachem Holz ist schnell gemacht.

Der wolkenlose Himmel erstrahlt blau, der Horizont erscheint hingegen weiß. Diese Farbschichtung wird auf den Modellhintergrund übertragen.

Auf einem Tapetenrest entsteht der Modellhintergrund: Der Farbverlauf von Blau nach Weiß wurde einfach aufgesprüht. Vorher musste die Umgebung gut abgedeckt werden. Die Sprühfarben haben z. T. lange Trocknungszeiten.

Am unteren Ende erhält der Hintergrund nun etwas gelbe Farbe aufgesprüht.

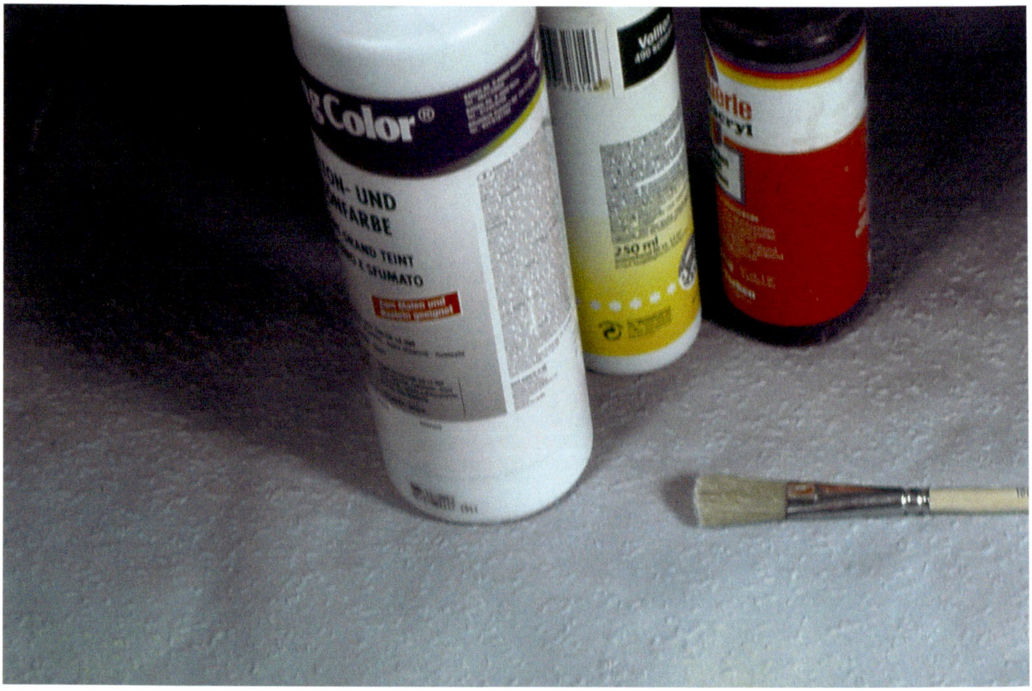

Ein Borstenpinsel und Dispersionsfarben genügen für den Anfang.

Auf einem Mischbrettchen lassen sich die aufgetragenen Farben leicht miteinander mischen.

Mit der Landschaftsmalerei Claude Monets kann dieses Werk nicht konkurrieren, aber für den Anfang dient die »dörfliche Anmutung« als Hintergrund.

Beginnen wir mit dem Himmel: Man setzt große Kleckse mit verschiedenen Farbmischungen, also etwa blaugrau, blaubraun und blau mit viel weiß. Mit dem Borstenpinsel arbeitet man die Kleckse ineinander, man »verwischt« sozusagen die Farbtrennkanten und -übergänge.

Zwischendurch wird immer wieder mal weiß zur Aufhellung aufgetragen – übrigens immer mit dem gleichen Pinsel. Wenn ein Bereich nicht gefällt, wird er gleich wieder überstrichen.

Ist der »Himmel« getrocknet, graniert man mit einem fast trockenen Pinsel und ganz wenig weißer Farbe über die »Wolken« und hebt so die eine oder andere Wolkenstruktur deutlicher hervor.

Dann wird eine Hügelkette angedeutet, z. B. in etwas dunklerem Blaugrau, aufgehellt mit ganz wenig gelbweiß und gelb. Das genügt als Hintergrund vollauf. Wer den Künstler in sich entdeckt hat, kann natürlich noch weiter machen und die Landschaft grob detaillieren: Wald/Einzelbäume, Felder und Wiesen, Äcker und Flüsschen/Seen, vielleicht ein schroffer Fels im Hintergrund.

Aber: Abzuraten ist von der perspektivischen Darstellung der Landschaftskulisse mit Fluchtpunkt, so wie man es in der Schule im Kunstunterricht bestimmt einmal machen musste. Mal von der unabdingbaren künstlerischen Begabung für eine solche Darstellungsform abgesehen, wirkt eine solche Kulisse unpassend. Man betrachtet die Anlage schließlich aus verschiedenen Perspektiven, die perspektivische Darstellung mit nur **einem** Fluchtpunkt wirkt aber nur aus **ein und derselben** Perspektive stimmig.

6.2.1.4. Hintergrund aus dem Foto

Abschließend noch eine Alternative: selbstgemachte Hintergründe aus einem selbst geschossenen Foto. Man lässt es vergrößern und »flickt« sich seinen Hintergrund auf diese Weise zusammen. Da der Hintergrund nicht bunt sein muss, um gut zu wirken ist es eine – wenn auch nicht preisgünstige, doch

Auch ein vergrößertes Foto kann als Hintergrund dienen. Man wählt am besten weitläufige Motive ohne Extreme.

individuelle – Methode eine passable Kulisse zu schaffen.

Bei einem Aufenthalt in den Niederlanden lernte ich einen Modellbahner kennen, der mit Katalogabbildungen arbeitet.

Aus den Sortimentsverzeichnissen der einzelnen Hersteller von Plastikbausätzen schnitt er sich die Produktabbildungen aus und fabrizierte damit interessante Hintergrundarrangements. Natürlich achtete er bei der Ausschnittswahl darauf, dass die Perspektive einigermaßen stimmt, der Schattenwurf ist vernachlässigbar. Als Hintergrundbild genügt das vollauf.

Nochmals ein Blick in die Realität, die ja bekanntlich das beste Vorbild für den Modellbahner ist... Neben bescheidenen und deshalb leicht und kostengünstig nachzubildenden Gleisanlagen dieser Nebenstrecke im Schwäbischen schenke man dem »Hintergrund« Beachtung: Ich meine jetzt weniger die allgegenwärtigen Strommasten, die nachzubilden nicht für jeden epochenbewussten Modellbahner ganz oben im Anforderungskatalog steht. Durchaus kann der Horizont auch mal ganz einfach im Grünen enden, eine Siedlung muss gar nicht sein. Ein bisschen Wald schadet dabei nie.

Dem Freund des Gebirgsmassivs, wie auf diesem Anlagenausschnitt zu sehen, kann die detaillierte Hintergrundgestaltung egal sein – der Steinwand sei Dank. Aber Scherz beiseite: Das Bild macht die Krux solcher Anlagenmotive deutlich: Zu schnell entsteht ein zu eintöniger Eindruck. Besser wäre es wohl gewesen, die allzu massiv wirkende Wand aufzulockern, beispielsweise durch Grünzeug bewachsene Einschnitte.

7. Abstrakte Anlage

In gewissem Sinne ist die Modellbahn generell abstrakt, etwa wenn sie wie hier über einen stilisierten Damm vor einem Foto vom letzten Urlaubsaufenthalt in der Provence rollt…

Auch wenn die abstrakte Anlage eine interessante Alternative für den Freund des Fahrbetrieb ist, dürfte die realitätsnah durchgestaltete Modellbahn nach wie vor der Favorit der Modellbahner bleiben.

Damit sind wir fast am Ende des Buchs angelangt. Aber nur fast. Ein Schmankerl sollte ganz am Ende stehen: die abstrakte Anlage. Was soll das sein? Nun, das ist eine Anlage, die sich ganz auf das Wesentliche konzentriert und die Landschaft mitsamt Gebäuden und Bäumen sozusagen in deren eigene Formensprache auflöst.

Eine solche abstrakte Anlage besteht auch aus Gebäuden und Landschaft, diese sind aber nur ihrer Form nach, weniger der Detailgestaltung nach erkennbar. Man kennt solche Entwürfe ja z. B. von Architektenmodellen, bei denen die Umgebung eines freilich detaillierten Bauwerks nur im Wesentlichen dargestellt wird, eben abstrahiert wird. Ein Baum ist in solch einem Fall eine Kugel auf einem Stiel, ein Auto ein Klotz, Gebäude sind Quader und Rechtecke, ein Berg wird in Form von übereinandergeschichteten Höhenlinien dargestellt.

Während die Gleise auf gewöhnlichen Trassen liegen, besteht die Landschaft nur aus z. B. Styrodur, wurde z. B. mit dem weiter oben vorgestellten Styropor-Schneidegerät zurechtgeschnitten und mit weiteren im Buch vorgestellten Gerätschaften bearbeitet. Wobei der reine Abstrakt-Modellbahner sich nur auf das Wesentliche beschränkt: Es gibt an Gebäuden nur gerade Linien und Kanten, sie erinnern also an das »Haus vom Nikolaus«, wie das Strichhäuschen aus dem Kinderreim; die Landschaft ist durch horizontale Linien geprägt, unterschiedliche Höhenniveaus durch Sprünge charakterisiert, selbst die Bäume weisen durchgängig sich wiederholende Formen und Strukturen auf.

Eine solche Anlage lebt aus dem Kontrast: Hier die scheinbar erstarrte Landschaft mit den Gebäuden einer Stadt, eines Dorfs etc. – dort die pure Bewegung der Eisenbahn mit geschwungener Trassenführung und ihren Zügen.

Ein solcher Entwurf ist so recht etwas für Puristen des Fahrbetriebs. Die Vorteile liegen auf der Hand: Schnell und einfach erhält man eine Landschaft mit Bäumen und Häusern und kann sich von Anfang an voll und ganz dem Bahnbetrieb widmen. Man kann dann ja nach und nach die Landschaft detaillieren, die Häuser durch Kunststoffmodelle z. B. ersetzen.

Ich kenne aber einen Modellbahner, der eine solche Anlage seit einem Jahrzehnt besitzt und betreibt, und keinesfalls daran denkt, die einfach anmutenden abstrakten Gebäude und die Landschaft durch konventionelles Material zu ersetzen. »Das lenkt vom Bahnbetrieb doch nur ab«, ist sein Argument.

Am einfachsten erstellt man solch ein Anlage aus Stryodur und Styropor, was ein geringes Gewicht bedeutet. Das Hartschaummaterial ist leicht zuzuschneiden und kann einfach aufeinandergeklebt werden. Auch die Bauwerke werden aus z. B. Styrodur hergestellt, die Bäume könnten z. B. Styroporkugeln aus dem Bastelgeschäft sein. Man kann das Material in einer einheitlichen Farbe lackieren oder aber belässt es bei den Farbtönen des Hartschaumaterials, zumeist also weiß und lindgrün bzw. hellblau. Auch aus Kapa (siehe die Ausführungen dazu weiter oben) kann solche eine abstrakte Anlage hergestellt werden. Es genügt im diesem Fall ein Messer und Klebstoff – einfacher geht es nicht mehr.

Ein mir bekannter Modellbahner verwendet z. B. ausschließlich Islandmoos zur Darstellung der Bäume auf seiner abstrakten Anlage. Die Gebäude bestehen bei ihm durchgängig aus Holz.

Sicher, eine solche Anlage ist für den Modellbahner, der an saatgrüne Wiesen und Fachwerkromantik gewöhnt ist, starker Tobak. Sie besitzt aber den Vorzug rasch gebaut werden zu können und bietet schon am gleichen Abend erstes Fahrvergnügen.

8. Schlusswort

Die folgende Tabelle gibt einen Überblick für die einzukalkulierende Arbeitsdauer. Die Angaben sind freilich Schätzungen, die aber mit normal-begabten Menschen aus der Nachbarschaft getestet wurden.

Thema	Ungeübter	Gelegenheitsbastler	Geübter Bastler	Buchseite
Unterbau aus T- oder L-Profilen, Schenkellänge ca. 200 cm	45 min	30 min	10 min	29-32
Betriebssichere Roco-Line-Weichen mit Bettung	40 min	25 min	10 min	36
Optische Gestaltung Bettungsgleis	pro Meter 60 min	pro Meter 45 min	pro Meter 30 min	39ff
Verrosten von Gleisen	pro Meter 15 min	pro Meter 10 min	pro Meter 5 min	41f
Schottern mit Schotter-Kleister Gemisch	pro Meter 60 min	pro Meter 40 min	pro Meter 20 min	44-47
Schottern mit Spray	pro Meter 5 min	pro Meter 5 min	pro Meter 5 min	47
Flexgleise aus starren Gleisen selbst gebaut	pro Meter 35 min	pro Meter 25 min	pro Meter 15 min	48ff
Auffüllen von Gleis-zwischenräumen mit Hartschaum	pro Meter 50 min	pro Meter 30 min	pro Meter 15 min	52-55
Mechanischer Weichen-antrieb selbstgebaut	pro Weiche 55 min	pro Weiche 35 min	pro Weiche 20 min	55ff
Geländebau mit Zeitungsstreifen	pro Meter 65 min	pro Meter 50 min	pro Meter 35 min	59-62
Geländebau mit selbst-gemachten Gipsbinden	pro Meter 35 min	pro Meter 20 min	pro Meter 10 min	63f
Streumaterial selbstgemacht	Arbeitsz. 20 min	Arbeitsz. 15 min	Arbeitsz. 10 min	68-71
Styroporschneider selbstgebaut	50 min	30 min	20 min	72-75
Felsenbau aus Styropor	Arbeitsz./Meter 45 min	Arbeitsz./Meter 30 min	Arbeitsz./Meter 20 min	75-79
Felsenbau aus selbstge-fertigten Formen pro Stück	Arbeitsz. 30 min	Arbeitsz. 20 min	Arbeitsz. 10 min	79ff
Felsen schnitzen pro Meter	Arbeitszeit 30 min	Arbeitszeit 20 min	Arbeitszeit 10 min	81ff
Umbauzeit Elektrosta-tischer Beflocker	45 min	25 min	15 min	86-89
See aus Unterbodenschutz	Arbeitszeit 45 min	Arbeitszeit 25 min	Arbeitszeit 15 min	91-94
Baumbau aus Draht	Arbeitsz./Stück 120 min	Arbeitsz./Stück 90 min	Arbeitsz./Stück 60 min	100-111
Kartonmodell, klein	Arbeitsz./Stück 55 min	Arbeitsz./Stück 40 min	Arbeitsz./Stück 20 min	113-119
Kartonmodell, groß	Arbeitsz./Stück 150 min	Arbeitsz./Stück 120 min	Arbeitsz./Stück 90 min	113-119
Bau aus Gips, z. B. kleine Hütte	Arbeitsz./Stück 45 min	Arbeitsz./Stück 30 min	Arbeitsz./Stück 20 min	119f
Mauerwerk aus Alufolie pro Stück (etwa 10 x 10 cm)	35 min	20 min	10 min	120ff
Hintergrund aufgesprüht	5 min	5 min	5 min	123ff
Hintergrund selbstgemalt	30 min	25 min	20 min	123-127

Damit ist die Reise durch die mannigfaltigen Möglichkeiten des schnellen und rationellen Anlagenbaus beendet. Ausreden wie »Hab keine Zeit und auch kein Geld«, »Hab zwei linke Hände«, »Hab keinen Platz« oder gar »Hab keinen Nerv dafür«, die bislang den Modellbahnspaß verhindert haben, zählen nicht mehr. Schlimmer noch: Modellbahner sollten ihre »verhinderten« Hobbyfreunde beim wiederholten Strapazieren solcher Ausreden zur Kasse bitten und ein paar Münzen für das »Phrasenschwein« (aus Porzellan oder Plastik) abfordern.

Doch Scherz einmal beiseite: Angesichts der aktuellen Modellbahn-Krisen – realen und herbeigeredeten – kann es einem um unser Hobby bang werden. Wie mag die Zukunft aussehen? Die Modellbahn wird der gefeierten wie gefürchteten »Entschrankung« der Welt, griffig Globalisierung geheißen, trotzen. Und zwar gerade weil sie klein ist, die große Welt wie im Brennglas verkleinert abbildet. Deshalb lasse ich jetzt keinen sechsachsigen US-Diesel durch meine bescheidene Mittelgebirgs-Fachwerkidyll-Modellnebenbahn im Schwäbischen brummdonnern, obwohl das – gewiss bizarre – Bild die Situation gut charakterisiert.

Nein, wir suchen gerade angesichts aller Entschrankung im Kleinen das Große. Und was mag das sein? Das Spiel und nichts anderes! Denn Spielen ist Freiheit, ist eine eigene, nach autonomen Prinzipien funktionierende zwar kleine, aber friedliche Welt. Ein Gegenentwurf zum da Draußen? Gewiss nicht, das soll das Hobby auch gar nicht sein, keiner sollte sich zu Hause mit und hinter seiner Modellbahn vor der Realität verkriechen.

Dieses Buch möchte vermitteln, dass die Modellbahnerei weder ein exklusives, noch ein teures Vergnügen sein muss. Vielmehr hatten wir gezeigt, dass sich auch aus relativ einfachen Mitteln eine Modellbahnanlage bauen lässt, die eine ganze Menge Freude, Spaß und Kurzweil verbreiten kann, vom bescheidenen Stolz angesichts der gelungenen Arbeit ganz zu schweigen. Aus Kleinem haben wir – man verzeihe das Pathos – etwas Großes geschaffen. Auch Kleines gibt uns also Freude, vermag allem auferlegten Größenwahn zu widerstehen.

Gibt's das heute wirklich noch? Klar! Und wo? Zuhause auf dem Teppich, im Keller oder auf dem Dachboden, es rattert mal, es huscht mal fast geräuschlos vorbei, es fliegt manchmal aus der Kurve, aber findet immer wieder in die Spur zurück. Denn die kleinste Welt ist doch immer noch die größte!

»Rennbängbäng«, schnell nach Hause und mit dem Bau einer Modellbahn begonnen.

9. Anhang

9.1. Stichwortverzeichnis

9.2. Weiterführende Literatur

Balcke, Gernot: Modellbahn Landschaft, Düsseldorf 1982

Darnaby, Bill: Make your own brass Cornfield, in: Model Railroader 02/06, S. 62

Gebele, Karl: Endmodul mit Wasserfall, in: Modellbahn Journal 99/III, S. 78

Haase, Thomas: Im Tal der Schwarza. Wasser auf der Modellbahn, in: Hp1 18, S. 6

Hartman, Paul: Schöne Kiefern – selbstgebaut. Teil 1, in: Hp1 21, S. 26

Hole, Jackie: Birken in H0, in: Eisenbahn Kurier 98/12, S. 112

Hopf, Martin: Der preiswerte Wald. Islandmoos, in: Miba 94/2, S. 84

Kaiser, Bruno: Asphalt – ganz ohne zu kochen. Straßenbau im Modell, in: Miba 95/6, S. 76

Kaiser, Bruno: Eine Geländepartie verändert ihr Gesicht. Landschafts-Umbau in Etappen, in: Miba 98/10, S. 41

Kaiser, Bruno: Kaisers Flora. Die perfekte Nachbildung der Pflanzenwelt, in: Eisenbahn Journal 98/11, S. 78

Kaiser, Bruno: Mit dem Trecker auf die Äcker. Die Gestaltung von Feldern, Rainen und Wegen, in: Miba 02/06, S. 52

Kaiser, Bruno: Von Baum zu Baum. Teil 3, in: Miba 93/7, S. 24

Kosak, Willy: Wartezeit-Überbrückung – Bayerische Wegüberführung, selbstgebaut – Teil 2, in: Modellbahn Report 56, S. 42

Kuhl, Lutz: Gras am Bahndamm, in: Miba 94/11, S. 110

Kuhl, Lutz: Instant-Wasser aus der Tüte. Aufkochen, umrühren und fertig, in: Miba 99/7, S. 22

Kuhl, Lutz: Pappeln in Hettörp. Bäume – nicht nur für den Hintergrund, in: Miba 99/2, S. 38

Kuhl, Lutz: Tomaten, Bohnen und die Eisenbahn. Gartenbau in der Baugröße H0, in: Miba 98/10, S. 49

Lüneburg, Andreas S.: Natur mit Natur gestalten (1). Wald- und Feldbäume, in: Eisenbahn Kurier 98/10, S. 108

Lüneburg, Andreas: Natur mit Natur gestalten (2). Weidezaun, Feld und Wiese, in: Eisenbahn Kurier 98/12, S. 126

Mauer, Thomas: Das Forsthaus am Bahndamm. Nebenbahn-Romantik pur, in: Miba 98/10, S. 34

Mauer, Thomas: Ein Blick in die Röhre. Tunnelbau nach Pit-Peg-Vorschlag, in: Miba 95/5, S. 22

Mauer, Thomas: In Höfen und Gärten. Blick vom Bahndamm (2), in: Miba 02/04, S. 30

Mauer, Thomas: Kleine Anlage – Schritt für Schritt (5): Geländebau, in: Miba 96/8, S. 90

Meier, Horst: Der Rasensäermann. Wiesen mit langem Gras, in: Miba 01/03, S. 90

Meier, Horst: Nicht auf dem Holzweg... Straßen aus Balsa, in: Miba 96/3, S. 90

Meier, Horst: Pflanzzeit für Kleingärtner. Landschaftsgestaltung als Filigrangewerk, in: Miba Spezial 43, S. 78

Meier, Horst: Trassierungselemente. Dämme für die Modellbahn, in: Miba 96/6, S. 84

Meier, Horst: Wie steht das Korn? Ein Getreidefeld auf der Modellbahn, in: Miba 99/7, S. 80

Meinhold, Michael: Bauprojekt Vogelsberger Westbahn (6): Aus dem Herzen der Natur, in: Miba 98/6, S. 82

Meyer, Werner: Selbstbau-Bäume. Die Kupferdraht-Methode, in: Miba 94/10, S. 89

Prinz, Willi: Preiswerter Wald – schnell gemacht. Bäume für den Hintergrund, in: Miba 98/1, S. 16

Rieche, Burkhard: Hart, aber flüssig. Gewässergestaltung mit Gießharz, in: Miba 94/4, S. 75

Rowe, David: Felsen aus der Form. Gipsabgüsse eines Kohlenstückes, in: Miba 95/3, S. 74

Scholz, Helge: Redaktionsanlage Kupferberg, Teil 15: Details an der Strecke, in: Eisenbahn Journal 99/5, S. 68

Weiß, Gebhard J.: Posten 53 – rechts und links der Strecke. Viel Natur auf kleiner Fläche, in: Miba 02/06, S. 44

Weiß, Gebhard J.: Zäune, Holz und Stangenbohnen. Kleinigkeiten für den Modell-Garten, in: Miba 02/06, S. 58

WEITERE INTERESSANTE BÜCHER ZUM THEMA

Jeder Teil einer Modellbahn sollte mit liebevollen Details ausgestattet werden, um eine perfekte Nachbildung der Wirklichkeit darzustellen. Heizdampf im Bahnhof, Prellböcke, einen künstlichen Hintergrund für Signale oder auch die Gestaltung von Nebengleisen - wie es geht, steht in diesem Ratgeber.
160 Seiten, 144 Abb., 170x240 mm
ISBN 978-3-613-71734-3
€ 39,90 | € (A) 41,10

Der unentbehrliche Ratgeber für die richtige Platzierung, den Einbau und den Anschluss von Signalen auf Modelleisenbahnanlagen. Autor Michael U. Kratzsch-Leichsenring gibt hier professionelle Tipps und zeigt die wichtigsten Arbeitsschritte. Komplettiert wird diese Anleitung durch eine Herstellerübersicht.
128 Seiten, 206 Abb., 170x240 mm
ISBN 978-3-613-71736-7
€ 39,90 | € (A) 41,10

Dieses Buch gibt Modellbahnern einen kompetenten Einblick in die Materie des Güterumschlags und -transports bei der Eisenbahn mit all seinen Facetten. Verschiedene Beispiele und Skizzen zeigen auf, wie man solche Anlagen vorbildgerecht ins Modell umsetzt.
144 Seiten, 161 Abb., 170x240 mm
ISBN 978-3-613-71749-7
€ 39,90 | € (A) 41,10

Hier ist das Buch, das Sie beim Aufbau einer neuen Modellbahn unterstützt. Es hilft beim Zeichnen eines Anlagenkonzepts und gibt Tipps zum Umsetzen des Entwurfs. Dabei geht es nicht nur um die richtige Führung der Zeichenschablone, sondern auch um das Thema der Anlage, um Bahnverlauf, Gleise und Weichen.
160 Seiten, 182 Abb., 170x240 mm
ISBN 978-3-613-71710-7
€ 39,90 | € (A) 41,10

Leseproben zu allen Titeln auf unserer Internetseite

Stand Juli 2025
Änderungen in Preis und Lieferfähigkeit vorbehalten.

Überall, wo es Bücher gibt, oder unter
WWW.MOTORBUCH-VERSAND.DE
Service-Hotline: 0711 / 78 99 21 51

www.facebook.com/MotorbuchVerlag